乐妈咪孕育团队 ◎ 编著

妈妈这样做
宝宝不过敏

U0339559

CSK 湖南科学技术出版社

图书在版编目（ＣＩＰ）数据

妈妈这样做 宝宝不过敏 / 乐妈咪孕育团队编著. -- 长沙 ： 湖南
科学技术出版社，2017.9
ISBN 978-7-5357-9114-6

Ⅰ．①妈… Ⅱ．①乐… Ⅲ．①婴幼儿－食谱 Ⅳ.①TS972.162

中国版本图书馆 CIP 数据核字(2016)第 254982 号

MAMA ZHEYANG ZUO BAOBAO BUGUOMIN
妈妈这样做 宝宝不过敏

编　　著：乐妈咪孕育团队
责任编辑：李　霞　王舒欣
出版发行：湖南科学技术出版社
社　　址：长沙市湘雅路 276 号
　　　　　http://www.hnstp.com
湖南科学技术出版社天猫旗舰店网址：
　　　　　http://hnkjcbs.tmall.com
邮购联系：本社直销科 0731-84375808
印　　刷：深圳市雅佳图印刷有限公司
　　　　　（印装质量问题请直接与本厂联系）
厂　　址：深圳市龙岗区坂田大发浦村大发路 29 号 C 栋 1 楼
邮　　编：518000
版　　次：2017 年 9 月第 1 版第 1 次
开　　本：710mm×1000mm　1/16
印　　张：10
书　　号：ISBN 978-7-5357-9114-6
定　　价：39.80 元

吃对食物，宝宝不过敏

绝大多数人的过敏源自每天吃的食物，因此选择"对"的食物，能有效减少过敏的发生。想要帮助宝宝增强抵抗力，建议哺喂母乳，因为母乳中含有丰富的营养，且母乳中所含的乳清蛋白容易被孩子吸收，不易造成过敏。此外，选择适合的断奶食物及婴幼儿食物，也是预防过敏的好方法。本书根据 3 岁以内宝宝每一阶段的生长发育情况，提醒爸爸妈妈此时在宝宝饮食上应如何远离过敏原，贴心地整理出低敏性的营养食材，并利用这些食材做出健康美味、简单易做的宝宝辅食，让爸爸妈妈养出不过敏宝宝。

目录 CONTENTS

Chapter 1

从宝宝出生开始
预防过敏

——0 ~ 3 个月宝宝不过敏饮食宜忌

Chapter 2

过敏儿也能安心
吃的辅食

——4 ~ 6 个月宝宝不过敏饮食宜忌

Chapter 3

多样化食材有效抗过敏

——7 ~ 9 个月宝宝不过敏饮食宜忌

Chapter 4

记录宝宝的过敏食物清单

——10 ~ 12 个月宝宝不过敏饮食宜忌

Chapter 5

从小养成不过敏体质

——1 ~ 3 岁幼儿不过敏饮食宜忌

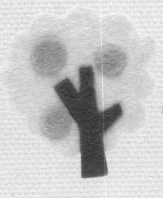

从宝宝出生开始
预防过敏

——0~3个月宝宝不过敏饮食宜忌

新生命的降临，让整个家庭充满了喜悦，也让新手

爸妈手忙脚乱。如何喂养宝宝呢？怎么喂宝宝才不过敏

呢？想要预防宝宝过敏，第一口食物很重要，没有比母

乳更适合初生宝宝的食物了。让宝宝远离过敏原，就从

妈妈的初乳开始吧！

新生儿母乳喂养可抗过敏

给宝宝喂母乳还是喝配方奶，要根据妈妈和宝宝的实际状况决定。我们建议尽量母乳喂养，因为母乳是最不会引起宝宝过敏的首选食物。

母乳喂养的优点

1.营养价值高

母乳对初生宝宝来说是唯一理想、营养均衡的食物，特别是初乳，营养价值十分高。

2.增强宝宝抵抗力

母乳含有免疫球蛋白，可增强宝宝免疫力和抗病毒的能力，有利于宝宝的健康和正常的生长发育。

3.预防过敏

许多宝宝容易患上鼻炎、气喘等多种过敏性疾病。过敏通常是由牛奶蛋白质中所含的乳球蛋白所致，但母乳中不含这种物质。因此，吃母乳长大的宝宝发生过敏的概率非常低。

4.容易消化吸收

刚出生的宝宝消化功能非常弱，容易消化吸收的母乳对他们来说是最天然的营养素。虽然许多配方奶的成分也接近母乳，但没有母乳容易吸收。

5.不受污染

母乳不易受污染，无需消毒，温度适宜，且随时可以哺喂，是宝宝最安全的食物，既经济又方便。

6.增进亲子情感

喂养母乳可以让妈妈和宝宝之间的感情更亲密，而且对开发宝宝的感知能力、促进智力发育等都有很大的作用。

7.妈妈产后恢复更快

如果宝宝出生后1个小时内喂母乳，就可以帮助妈妈较早排出胎盘。此外，宝宝吸吮乳汁，能够刺激妈妈身体激素的分泌，使其子宫有效地收缩，并帮助产后止血。如果采用母乳喂养，那么因为怀孕膨胀的子宫可以较快地收缩到怀孕前的状态。

8.哺喂方便

哺喂母乳只需将乳头擦拭干净即可喂养，不用担心乳汁太烫或不干净，比冲调配方奶方便多了。

母乳喂养的缺点

1.24小时随时"待命"

因为初生儿饿了就要喂，所以妈妈要每天24小时随时"待命"，很难有充分的休息时间。

2.不容易掌握宝宝的喝奶量

刚开始妈妈可能会不知所措，不知道什么时候该喂奶，什么时候不需要，这就需要妈妈慢慢地了解孩子喝奶的习性。

预防过敏的珍贵初乳

初乳是指产妇生产后1~5天，在真正的泌乳期开始之前所分泌的乳汁。初乳一般呈黄色，有异味和苦味，其黏稠度较普通乳汁高。初乳的量较少，每位新手妈妈从分泌初乳转为正常乳汁的过渡时间会有所不同，有的妈妈只需2~3天，有的可能长达一周。

初乳与普通乳汁的主要区别在于其脂肪的含量较少而蛋白质较多，在这些蛋白质中，含有许多免疫物质，它们具有防止宝宝患病、促使其健康发育的重要功效，比如可以保护消化道免受感染，促进胎便的排出，甚至还可减少日后发生黄疸的机会。

宝宝的第一餐

世界卫生组织主张新生儿出生后应该立即喂奶，最迟不能超过2小时。从乳汁的生成和分泌过程来看，一位健康的母亲自然分娩半小时内即可进行喂奶。另外，新生儿如果不及时补充能量，出生后2~4个小时血糖就会明显下降，进而可能影响其智力发育。早喂奶还有助于新生儿排净胎便，这样就不至于因胎便中的胆红素透过肠道黏膜的毛细血管吸收到血浆中，而使新生儿黄疸加重，甚至出现由生理性黄疸转为病理性黄疸的情况。

小叮咛

宝宝出生后，许多妈妈发现最初分泌的乳汁颜色较黄，量也较少，而且有异味，因此会认为不干净，所以不让宝宝吃，其实这是错误的观念。对新生宝宝的健康来说，初乳绝对是最重要、最有效、最没副作用的"预防针"。

3

哺喂母乳的方法与注意事项

母乳是一种天然、均衡的优质营养素，能满足出生后至 6 个月宝宝的营养需求，促进宝宝的健康和正常的生长发育。相较于其他食物，母乳最容易被宝宝消化吸收。

母乳的营养价值

怀孕后不同周数生产的妈妈，分泌的乳汁成分均有所不同；而随着宝宝的成长，乳汁的成分也会自然跟着调整，以符合宝宝此时的营养需求。母乳的营养成分如下：

1.蛋白质

母乳中的蛋白质主要为乳蛋白，不易造成过敏，好吸收。其中还包含多种来自母体的免疫物质，以及妈妈本身所产生的抗体。

2.糖类

主要是乳糖，易分解为葡萄糖，又可促进钙的吸收，同时使宝宝的肠胃道呈偏酸性，抑制病菌滋生。

3.脂肪

含有DHA、ARA等不饱和脂肪酸，可促进神经细胞的生长。

4.电解质、矿物质

含量比配方奶中的低，但吸收利用率很高。

5.维生素

含量十分丰富，但完全吃素的妈妈需要注意额外摄取维生素B_{12}。

妈妈要摄取充分营养

在喂母乳期间，妈妈应该充分地摄取营养，但有些妈妈会担心自己摄取的食物影响到宝宝的健康。其实大多数的食物都不会影响宝宝，只是如果过度摄取洋葱、红葡萄酒、巧克力等食物，就会影响到宝宝的内脏功能。

另外，很多妈妈认为，在哺乳期间应该每天多喝水。其实如果大量摄取水分，反而会影响母乳的分泌。在哺乳过程中，如果经常出现严重的口渴症状，此时建议只摄取足以解渴的水分，而平时最好用果汁来取代。

有些人误以为喂母乳会很容易疲倦，或者如果站起来活动身体，就会减少母乳的分泌量，这些都是错误的认知。分娩后大部分妈妈都会感觉疲劳，只要充分休息，并摄取足够的营养即可。

哺喂母乳的原则

不要定时喂奶，宝宝饿了就要喂。初生宝宝每次的食量都较少，一般2～3小时就要喂一次。宝宝知道自己吃多少会饱，所以不必担心宝宝吃不饱的问题。哺乳前的准备如下：

①请洗净双手。

②不用特别清洁乳头和乳晕，只要稍微用温水轻轻擦拭即可。很多人以为喂母乳前要先清洗乳房，其实没有必要。肥皂、护肤霜、保湿乳等，反而会破坏保护乳房的油脂，改变宝宝用来分辨母乳的气味。哺乳后，以清水轻拭乳头即可。

宝宝如果停止了吸吮，可能是要休息，如果几分钟后他仍然不吃，就是吃饱了，这时就可以让宝宝离开乳房。

舒适的哺乳姿势

只有哺乳的姿势正确，才能防止乳头出现问题，使妈妈和宝宝都感到舒适。哺乳时，盘腿坐立，将1～2个枕头放在膝上托住宝宝，然后将宝宝的头部枕到手肘的内侧。这时可在手臂上放置棉质毛巾，以吸收宝宝吃奶时流下的汗水。让宝宝的胸部朝向妈妈的胸部是最好的姿势。哺喂前，将大拇指贴于乳房上侧，其他手指托住乳房下方，然后用手轻轻地拨弄宝宝的嘴，待宝宝张开嘴后把宝宝拉到胸侧，将乳头深深地送到宝宝的嘴里。

宝宝吃奶时，最好让妈妈的腹部和宝宝的腹部紧贴在一起。在腿下方和腋窝下侧放置枕头和软垫，托住妈妈的手臂和宝宝。妈妈用手臂托住宝宝的身体，用手托起宝宝的头部和颈部，使其处在妈妈的腋窝下侧附近。

如何给宝宝喂母乳

步骤一

轻松抱起宝宝，一手支撑住宝宝头部，一手托住臀部，轻触宝宝脸颊，做好哺乳的准备。

步骤二

将乳头垂直塞入宝宝口中，把乳头放在宝宝的舌头上方，每隔5分钟换左、右乳头，共15～20分钟。

步骤三

喂完后，用食指压住乳晕位置，轻轻拔出乳头；或将小指伸入宝宝口腔内，诱使宝宝张嘴，以免乳头因吸吮力度过大而受伤。

喂奶后要让宝宝打嗝

喂奶后不能忘记的一件事就是让宝宝打嗝。只有通过打嗝排出吃奶时一起吸入的空气，宝宝才不会吐出奶水。喂完奶后，可以将宝宝直立抱起，让其胸口接触到妈妈的肩部，然后轻轻地抚摸宝宝的背部，让宝宝打嗝。有时宝宝会吸着奶瓶入睡，这时可以轻轻地抱起宝宝并抚摸背部，使其打嗝。

新手妈妈哺乳注意事项

1.哺乳时不可挤压乳房

很多新手妈妈在哺乳的时候总是担心宝宝没力气，想要帮忙，所以会习惯性地用食指和中指以剪刀式来挤压乳房，其实这是错误的动作。因为这种手势会反向推压乳腺组织，阻碍宝宝将全部的乳晕含入嘴里，不利于宝宝充分吸吮乳腺内的乳汁，而且宝宝含入乳晕太少有可能会使乳头被咬伤。

2.小心宝宝鼻部受压

哺乳的过程中，如果宝宝鼻子挤压乳房的话，会影响其呼吸。应保持适当的距离，让宝宝头部和颈部略微伸展，同时也要防止伸展过度而造成吞咽困难，或者咬伤乳头。

3.哺乳时要专心

妈妈喂奶的时候一定要专心，别以为宝宝还小就"敷衍"他。他吃奶的时候可是偷偷地在"观察"妈妈的一举一动哦！所以哺乳时不要忙着应付其他的事。

4.要有耐心

刚出生的宝宝吸吮力较弱，因此在喝母乳的时候，会花较长的时间。但妈妈若没有足够的耐心等宝宝吃饱，就会造成宝宝一直处于吃不饱的状态而哭闹不休。

如何帮宝宝拍嗝

方法一

用肩部托住宝宝身体，让宝宝头部轻靠肩头，一手拍背，另一手托住臀部，轻轻抚拍。

方法二

一手托住宝宝背部，一手抱住胸口，让宝宝坐在大腿上。

方法三

可以在大腿上铺一条浴巾或一个抱枕，让宝宝趴卧在双腿上，此法适用于4个月之后、颈骨较硬的宝宝。

宝宝吃不饱怎么办？

因为宝宝在出生前，体内已经储存了一定量的营养和水分，所以妈妈不用担心，宝宝不会饿坏的。只要尽早给宝宝喂奶并持续不断，那么少量的初乳也能满足新生宝宝的需要。千万不能因奶水不足就暂时不喂养母乳，这会打击妈妈喂母乳的信心。

如果此时用奶瓶喂宝宝喝其他乳类或水，一方面容易使宝宝产生"乳头错觉"，不愿再费力去吸妈妈的奶；另一方面，因为奶粉冲制的奶比妈妈的乳汁甜，也会使宝宝不喜欢吃妈妈的奶。这样会让本来可以完全喂养母乳的妈妈，因宝宝吸吮不足而造成乳汁分泌量不足，甚至停止泌乳。

小叮咛

有些妈妈生下宝宝后没有马上分泌乳汁或奶量很少，这个时候该怎么办呢？一般情况下，在宝宝出生3～5天后，妈妈才会开始真正分泌乳汁，在这之前只有少量初乳。在宝宝出生的第一周尽量让他多吸吮乳房，以刺激乳房产生"泌乳反射"，才能使妈妈尽快产生母乳，直到足够宝宝享用。也有个别的情况，宝宝出生2～3天了，妈妈还是没有一点母乳，这时就要考虑给宝宝补充配方奶了。

尽量保持母乳喂养

如果因为特殊原因只能选择奶粉喂养的话，也要在宝宝出生后的一周内保持母乳喂养，因为这是宝宝出生后从妈妈身上得到的第一份珍贵的礼物。这份惊喜和温馨，一定会带给妈妈和宝宝极大的快乐。

对母乳喂养的错误认识

很多人不了解母乳所含的营养，对母乳喂养有些错误的认知。例如，认为乳房小就无法提供足够的母乳，其实小乳房的妈妈也能生成跟大乳房的妈妈一样多的母乳。只要妈妈健康，就能充分地生成母乳，这与乳房的大小和形状没有关系。即使母乳少于宝宝的需求量，但只要经常喂，就能促进母乳的分泌。

刚开始喂母乳时，一个乳房也能喂几分钟，而且时间会逐渐延长。乳头要适应宝宝需要一定的时间，否则容易造成乳房疼痛。只要用正确的姿势喂母乳，宝宝就不会伤到乳头。不过若是限制喂母乳的时间，很容易影响妈妈和宝宝之间自然形成的亲密感。

1～3个月宝宝的母乳喂养

满月后，宝宝的活动量会大大增加，他的胃口也会随之大增。这时建议慢慢延长喂奶的间隔时间。

哺乳要有规律

此阶段宝宝已经开始适应哺乳，因此哺乳时间也应更有规律。如果宝宝每次的吃奶量增加，则妈妈哺乳次数减少，每天规律地喂5～6次较为适宜。这个时期要拉长夜间哺乳的间隔时间，并开始做中止夜间哺乳的准备。

哺乳时帮助宝宝打嗝

在哺乳过程中，宝宝会吸入大量空气，这容易导致腹痛。因此在喂母乳后，需要帮助宝宝打嗝，可以把宝宝的头靠在妈妈肩膀上，然后轻轻地拍打后背，这样就能帮助宝宝排出腹中的空气。

进入胃肠内的空气排出体外时，宝宝可能会吐出少量的母乳。此后几分钟内宝宝如果没有打嗝，可以让宝宝在俯卧状态下，向一侧略转头。在这种姿势下，就算宝宝吐出母乳，也不会有窒息的危险。妈妈在哺喂母乳时，一定要专心，随时注意宝宝的状况，才不会发生意外。

喂奶时要注意保护乳头

一个月大的宝宝吸奶的力量会变得很大，可能经常会咬伤妈妈的乳头。如果细菌从伤口入侵就很容易引起乳腺炎，所以妈妈要保护好乳头，并应注意每侧乳头不要让宝宝连续吸吮15分钟以上。另外，喂奶前妈妈要洗净双手，乳头要用温水清洁。

夜间喂奶

此时的宝宝还不会区分昼夜，所以哺乳也没有昼夜之别，只要宝宝饿了或是想吃奶时，就必须喂哺。晚上喂奶时，妈妈应该像白天一样坐起来，喂奶时光线不要太暗，要能够清晰地看到孩子的皮肤颜色。

喂奶后仍要抱起宝宝并轻轻拍背，待其打嗝后再放下。要仔细观察宝宝，如果已经安稳入睡，就可以关灯；但是一定要保留一些光线，以便宝宝出现溢奶情况时能及时发现。夜间喂奶同样要注意清洁，可用温开水沾湿毛巾后擦拭乳房与乳头。

可混合喂奶

母乳不足或只能在某些时间喂母乳的情况下，可以采用混合喂奶的方法。混合喂奶的方法有两种：第一，每次喂母乳后，以配方奶补充；第二，制定交替喂母乳和配方奶的时间。

第一种方法适合出生1~2个月的宝宝。喂母乳后，用配方奶补充，如果宝宝不喜欢配方奶，则可先喂配方奶，再喂母乳。第二种方法是交替地喂母乳和配方奶的方法，如果喂几次配方奶再喂母乳，母乳就能积存更多。但如果喂母乳的次数减少，母乳的分泌量也会减少，每天至少喂母乳3次以上较佳。

上班族如何喂母乳？

扫一扫！

1.事前准备

选择前开扣式的衣服和内衣。另外，准备防溢乳垫，可以避免乳汁渗出，弄湿衣服。

2.挤出母乳

如果乳房柔软，可以用手挤；如果乳房肿胀或疼痛，可以用吸奶器辅助。用手挤母乳之前一定要彻底将双手洗净，然后选择一个舒服的姿势，站着或坐着都可以，再将干净的容器紧靠乳房，将大拇指放在乳头上方乳晕边，食指放在乳头下方，两指相对，再用大拇指和食指轻压乳

晕，就可以挤出母乳了。

使用吸奶器也要将器具洗净、晾干，再将吸出的母乳放入密封容器中，将空气排出后再密封，然后在容器外详细标出挤奶日期、时间。要注意的是，盛装母乳的容器可以选择已消毒过的奶瓶，或是"集乳袋"。一般来说集乳袋较为方便，但不可重复使用。

3.保存母乳

将装好母乳的容器放至冰箱，或是预先准备的"冰桶"中。如果使用的是保温瓶，那么可先放一些冰块进去，再将容器置于上面。

一般而言，刚挤出的母乳（成熟乳）在室温下（阴凉处）可以存放6~10个小时；如果放入冷藏室中，可以保存3~5天；如果想让母乳存放更长的时间，可以将挤出的母乳冷藏后再放到冷冻室中存放，这样可保存3~4个月。

4.喂食前加热

要喂食前，将母乳从冰箱取出，把装母乳的容器放在流动的温水中（温度不要超过60℃），让母乳达到适当温度后，再装入奶瓶中喂食宝宝。

如果在炉火或微波炉中直接加热，会破坏母乳中的营养成分，因此尽量不要采用此法。此外，母乳看起来有些沉淀是正常的，可先将奶瓶摇一摇再喂宝宝。给宝宝喝之前请先用手感觉一下温度，以免母乳不够热或是太烫。

母乳喂养 Q & A

Q 喂母乳时该忌口吗?

A 咖啡、绿茶、红茶、巧克力、可可豆等食物中含有咖啡因，如果大量摄取这些食物，咖啡因会通过母乳聚集在宝宝体内，因此这些食物要适量摄取。吃过蒜头、洋葱4~6小时后，母乳中会含有蒜头和洋葱的气味，宝宝有可能拒绝吃奶。妈妈抽烟酗酒后喂奶也会对宝宝产生不良影响。此外，购药时，一定要向医生说明自己正在哺乳，确认该药对宝宝无害以后才可以服用。

Q 宝宝为什么经常呕吐?

A 宝宝经常呕吐的原因之一是喂奶时空气也进入了宝宝的胃肠。要减轻呕吐，可以将宝宝抱在怀里喂食，喂奶后也要帮宝宝拍嗝。此外，如果妈妈在哺乳期间吃奶酪、冰激凌等乳制品后喂奶，宝宝会出现过敏反应，严重时会呕吐和腹痛。这时，如果妈妈在两周内禁食乳制品，宝宝的症状会好转。

Q 喂母乳时要多吃什么?

A 为了促进体内生成充足的优质母乳，妈妈应该多吃优质高蛋白食物，还应大量摄取维生素和矿物质。另外，88％的母乳都是水分，因此要多喝水。另外为了使乳汁分泌顺畅，一日三餐的饭量和营养都要均衡。

Q 哺乳时另一侧乳房也滴下母乳怎么办?

A 宝宝吸吮一侧乳房内的母乳时，有些妈妈的另一侧乳房也会滴下母乳。如果听到宝宝的哭声，或者到了哺乳时间，有些妈妈就会出现上述症状。在这种情况下，应该用纸巾擦拭乳头，或者在内衣中放纱布。通常是在哺乳初期比较容易出现这种情况，之后逐渐会消失。

喂母乳是很辛苦的一件事，妈妈常常会因此而睡眠不足，因此更要掌握有关母乳喂养的各种常识，让妈妈喂母乳时可以越来越熟练。

Q 乳头干裂或疼痛怎么办？

A 喂母乳时，如果宝宝吃奶姿势不舒服就会咬乳头，这会导致妈妈的乳头干裂或疼痛。因此最好让宝宝用上腭和舌头挤压乳晕，而且要把乳头深深地放入宝宝的口腔内。如果乳头严重疼痛，应该向医生咨询，同时采用正确的姿势喂母乳。只要采取正确的姿势，大部分状况都能好转。

Q 乳房严重肿胀怎么办？

A 妈妈的乳房在宝宝出生后一周内开始生成母乳，同时流向乳房的血液急剧增多，这样母乳的分泌量和宝宝的摄取量可能会不平衡，在这种情况下，容易出现乳房肿胀的现象。乳房严重肿胀，就表示母乳的分泌量远远超过宝宝的摄取量。此时可以用温毛巾敷一下，待乳房变软后，再轻轻按摩乳房，排空多余的乳汁。

Q 哺乳时宝宝哭闹怎么办？

A 有些妈妈在哺乳过程中，经常遇到宝宝哭闹的情况。一般来说，只要抱着宝宝说话，大多就能平静下来。不过如果宝宝的腹部内充满气体，就会导致严重的腹痛而剧烈地哭闹。在这种情况下，就要到医院诊疗。

小叮咛

半夜喂奶的时候，很多妈妈会因为觉得累而不想起身，甚至连乳房都没有擦拭就直接喂母乳，这样很容易因为乳房的不干净，造成宝宝腹泻。建议妈妈准备纯水制造的湿纸巾放在一旁，半夜喂宝宝前先用湿纸巾擦拭乳房，再进行哺乳。

选择适合宝宝的不过敏奶粉

生下宝宝 1 周后，正常情况下，妈妈应该已经有了较充足的乳汁喂养宝宝，如果还有母乳不足或妈妈不适宜喂母乳时，可以使用市面上售卖的配方奶粉代替母乳。

奶粉的种类

宝宝适用的奶粉通常有下列几种：

1.宝宝奶粉

宝宝奶粉多是以牛乳为基本材料将其"母乳化"而成，也就是尽量地模仿人类母乳的成分制作。但宝宝奶粉内不含母乳中可以帮助消化的酶，以及免疫蛋白等有益成分。

2.早产儿奶粉

早产儿奶粉是为适应早产儿的消化吸收能力，需要较多的热量来保证生长而用特殊的营养素等所调配的奶粉。其特点是容易消化吸收、热量高（高出普通宝宝奶粉20%）。这种奶粉并不只限于早产儿，只要符合宝宝需要，并经儿科医生许可都可以使用。

3.免疫奶粉

免疫奶粉是由生物科技研发制造而成的功能性奶粉，由活性生理因子、特殊抗体以及奶类营养成分所组成。只要确定宝宝不会对奶类制品过敏，经儿科医生建议，可以作为搭配日常饮食使用。

4.成长奶粉

成长奶粉大多为6个月以上的宝宝所设计，营养含量较宝宝配方奶粉高，蛋白质含量也较高。

5.其他

市面上还有如高蛋白奶粉、补钙奶粉、高铁奶粉等婴幼儿适用的奶粉，它们各有其特殊的成分以及使用适应证，均需要经过儿科医生的评估认可后，才能给宝宝搭配使用。

小叮咛

为宝宝挑选合适的奶粉需注意：

①成分。

②品牌信用。

③包装标示是否清楚。

④是否能提供消费者售后服务以及长期专业咨询。

⑤售价是否合理。对标榜特殊成分、成效而售价特别昂贵的奶粉，要特别小心以免受骗。

⑥购买前可请教专业儿科医生，切勿盲目相信他人推荐的产品。

选择不过敏奶粉的重点

奶粉的好坏、合适与否直接关系到宝宝的健康成长，爸爸妈妈在挑选时可要睁大眼睛了。选择奶粉的重点如下：

1.根据宝宝需求进行选择

家长要根据宝宝的年龄和对营养的需求进行选择，并不是营养成分越高越好。例如：较小的婴幼儿可以选择母乳化的奶粉，其成分比较接近母乳，吸收也较好；4～6个月的宝宝宜选用不含淀粉、蛋白质含量适中、易消化吸收的配方奶粉；6个月到3岁的宝宝智力发展迅速，最好选用含有DHA和AA成分的配方奶粉。

2.选择检验合格的奶粉

应选择卫生部门检验合格的奶粉品牌，经过政府把关才能让宝宝吃得健康又安全。

3.依照宝宝身体状况选择

选择配方奶粉还有一些个别性原则。例如：有哮喘、腹泻和皮肤疾病问题的宝宝，可选择抗敏奶粉；缺铁的宝宝，可补充高铁奶粉；而早产儿则应选择易消化的早产儿奶粉。

4.不要任意更换品牌

一旦宝宝适应某种品牌的奶粉，请不要随意更换。

宝宝对奶粉的适应状况

要判断宝宝是否适应某一种奶粉，可以观察宝宝喝奶时是否正常、是否愿意吃，以及吃了这种奶粉后大便是否规律，大便状态是否正常。此外，宝宝平时的精神状态、身体发育指标等，也是观察的重点。如果宝宝精神很好，平日爱玩爱笑，睡得也好，身体的发育水平指标也在标准值内，就代表宝宝适应这一种奶粉。

但如果在以上几方面出现异常的话，比如发现宝宝不吃奶或吃太少、大便异常、身体发育不良等情况，应该是宝宝对奶粉不适应，需要及时更换奶粉。如果宝宝持续性地表现出下面一种或多种症状，最好尽快到医院咨询医生，同时换一种适合宝宝的奶粉。

①宝宝吃奶后不断大哭，并持续好一阵子。
②宝宝每次吃奶都会出现呕吐症状。
③宝宝吃奶后持续腹泻或者便秘。
④宝宝吃奶后出现肠痉挛，肚子肿胀、疼痛或紧绷等症状。
⑤宝宝急躁不安，常常会在半夜醒来。
⑥宝宝身上出现红疹，尤其容易出现在脸部和肛门周围。
⑦宝宝经常感冒，耳部也出现感染症状。

喂奶用具的选择与清洁

奶瓶是与宝宝亲密接触的物品，建议妈妈们一定要到专卖店去买，因为不是所有商店的奶瓶都是安全、实用、卫生的。另外，在挑选奶瓶时，应尽量选择没有图案、无色、无味的产品。

喂奶用具的选购

1.奶瓶

用来冲泡奶粉。奶瓶一般有玻璃和塑料两种材质，玻璃奶瓶不易刮花、容易清洗，比较适合初生宝宝。塑料奶瓶质地轻、不易破裂，方便外出携带，但容易留下奶垢，适合稍大的宝宝。

2.奶嘴

主要有两种，一种是奶瓶奶嘴，装在奶瓶上给宝宝喂奶或喂水，一般有小圆孔、中圆孔、十字形三种。另一种是安抚奶嘴，在宝宝不吃奶时可满足他吸吮的需要。

小叮咛

一些色彩鲜艳的奶瓶存在安全隐患。一般奶瓶外部着色使用的有机涂料是很安全的，但有机涂料的成本高，一些厂商便选择具有一定毒性的无机涂料，导致铅释出量严重超标、污染奶瓶，所以在选购奶瓶时要仔细鉴别。

3.小碗与小汤匙

①材质最好选择不锈钢、美耐皿材质，而且要耐摔、耐洗。

②汤匙的挑选尽量以小、浅、圆为主，而且不能有尖锐处。也可购买具有热感功能的小汤匙，它会随着温度变化而改变颜色，让妈妈可以轻易辨识食材冷热程度，以保护宝宝。

③色调尽量以纯白色为主，不要太过鲜艳，碗的内侧尽量不要有图案。可选择有把手的小碗，宝宝使用起来较方便。

④宝宝餐具使用一段时间后，建议更换新的餐具。

喂奶用具的清洁

扫一扫!

宝宝喝奶后，用具都要及时清洗。盐可以帮助去除奶垢，专门的奶瓶刷和奶嘴刷也可将奶瓶和奶嘴清洗干净。

奶瓶或奶嘴上残留的奶很容易滋长细菌，为了彻底清除它们，可以从奶嘴外侧开始清洗，再用同样的方法清洗奶瓶里面。

喂奶用具的消毒

宝宝的奶瓶和奶嘴在每次使用之前都要彻底消毒，新买回来的也要先消毒才能使用。消毒工具不同，消毒方式也不同。常见的消毒方法有蒸汽式、紫外线烘干式和煮沸式三种。

1.蒸汽式

把宝宝的奶瓶、奶嘴、餐具等放进蒸汽消毒锅里，然后根据蒸汽消毒锅的说明书进行操作就可以了。蒸汽式消毒方便省力，但是在消毒前，必须将每样东西洗干净。

2.紫外线烘干式

紫外线消毒烘干机能够使杀菌、烘干、消毒同时进行，是现代忙碌新手妈妈的好帮手。可把奶瓶、奶嘴、餐具等放进紫外线消毒烘干机里，利用紫外线来进行杀菌。只是在消毒前，需将每样东西洗干净。

3.煮沸式

这是最常用的消毒方法。如果宝宝的奶瓶是玻璃材质的，应先放进冷水再煮沸，塑料或PC材质的则可直接放进煮沸的水里。消毒时水应该覆盖所有餐具，同时煮沸10分钟。奶嘴和奶瓶盖较易变形，不宜煮太久，5分钟就够了。宝宝用的毛巾和口水巾亦可进行煮沸式消毒，但不能与餐具放在同一个锅里煮，也可洗净后放在阳光下充分曝晒。

喂宝宝喝配方奶的方法与注意事项

喂宝宝喝奶是最重要的事情，千万不要错误地认为，他所需要的只是牛奶而已，对你的孩子来说，你的爱、拥抱和呵护，和牛奶一样重要。

冲调配方奶的方式

宝宝喝的配方奶需要用水冲调。奶粉罐上一般会说明，每一量制单位的水中应加入奶粉的合适匙数。另外，奶粉应是平平地、疏松地装入量匙，并准确地按照比例说明去冲调，这一点很重要。

用奶粉专用匙取出适量奶粉倒入装有合适温度的开水的奶瓶中，盖上瓶盖轻轻摇晃以溶解奶粉。当打开奶嘴盖时，注意不要用手直接碰触奶嘴。

不同种类和品牌的奶粉的冲调法也不同。一汤匙奶粉，有些可以冲成20毫升的奶，有些可以冲成30毫升的。一汤匙奶粉冲成20毫升或30毫升是指水和奶粉混合均匀后为20毫升或30毫升。

以喂母乳的心态喂配方奶

用奶瓶喂奶时，如果把宝宝放在左侧膝盖上面，并用左臂肘部支撑宝宝的头部，宝宝就能感受到妈妈的心跳，会比较容易安静下来。

如何冲调配方奶

步骤一

把冲调奶粉所需温度的开水倒入奶瓶中，将奶瓶放到与眼睛齐平高度进行检查，观察水量和需要冲调的配方奶浓度是否合适。

步骤二

打开奶粉罐，用附带的量匙取出奶粉，倒入装好水的奶瓶中。只需按照水量所需的奶粉量加入即可。

步骤三

把奶粉罐的盖子封紧。轻摇奶瓶，使奶粉充分溶解。可滴几滴奶在手腕内侧试温度，以免烫伤宝宝舌头。

该喂宝宝喝多少配方奶？

通常，每1千克体重可喂160～180毫升的牛奶，但实际喂食的量因人而异。特别是新生儿，由于尚未养成饮食规律，所以宝宝想吃多少就应当喂多少。通常宝宝出生一个月后会养成饮食规律。

喂奶时妈妈勿将宝宝"转手"于他人

有些妈妈因为宝宝是奶粉喂养，所以把喂宝宝、哄宝宝等所有事情都交给爸爸，或者爷爷、奶奶，这种喂养方法对宝宝的健康发育会产生影响。因为喂奶的时间是妈妈与宝宝亲密接触的时候，宝宝可以得到妈妈最温暖的爱。

所以即使用配方奶喂养宝宝，也要保证妈妈亲自喂奶的次数，以增加母子之间的接触和情感交流，这样更利于宝宝的心理和生理正常发育。

爸爸妈妈一起喂奶

爸爸也可以喂宝宝喝奶，这不仅能分担妈妈的工作，更重要的，这是一个培养亲子感情的最好机会。但是，喂奶前不要给宝宝喝水，更不要给他喝糖水，否则，会降低他喝奶的胃口。

如何喂宝宝喝配方奶

步骤一

摸宝宝靠近你身体一侧的脸颊，他会转过头来并张开嘴。如果他没有这样做，可以挤出几滴奶，放到他唇上。

步骤二

拿稳奶瓶，奶瓶也要倾斜着拿，使奶嘴充满着奶而不是空气。如果奶嘴瘪下去，拧开瓶盖则会恢复。

步骤三

如果奶都吸吮完了，但宝宝仍不松开奶嘴，可以把你干净的小指沿奶嘴插入宝宝口中，再移开奶瓶。

# 1~3个月宝宝的配方奶喂养

满月后的宝宝在用配方奶喂养时，最重要的是不可喂过量，以免加重宝宝消化器官的负担。

每次喂奶的量

配方奶喂养大致的标准是：出生时体重在3000~3500克的宝宝，到一个月时每天喝奶700毫升左右，在1~3个月，每天喝奶800毫升左右。如果分成7次喂，每次喂120毫升。

当然，这只是一个大概的标准。宝宝的食量会因为他们的胃口和发育状况各不相同。食量小的宝宝可能达不到标准量，而食量大的宝宝每次可以吃150~180毫升。

观察宝宝的喝奶状况

满月的宝宝会用哭声来告诉大人他饿了，但是牛奶喂足了，宝宝就不会发"牢骚"。食量大的宝宝即使已经喝了足够的牛奶，也会显露出还要喝的样子。这时如果妈妈没有辨别真相，还继续给宝宝增加牛奶，就会在不知不觉中喂多了，加重宝宝消化器官的负担。

进入第3个月，宝宝体重平均每天增加30克左右，身高每月增加2厘米左右。通过观察宝宝的发育情况，爸爸妈妈就能知道营养是否充足了。

喂配方奶的时间

以前很多人会认为，如果根据宝宝的需求来喂奶，容易造成没有规律的坏习惯。相反地，如果按时喂奶，就可以形成有规律的生活习惯，因此才会规定喂奶的时间，然后严格执行。

在喂奶初期，喂宝宝配方奶的时间最好跟喂母乳的宝宝一样。而且，在宝宝熟悉吸吮这项习惯之前，应该适当地调节喂奶的时间，并尽量地遵守。

调节喂配方奶的量

很多妈妈都会担心喂配方奶会不会导致肥胖症。其实喂配方奶不一定都会导致肥胖症，但是如果摄取量过多，就很有可

能发生，因此不要过量给予宝宝配方奶。

很多妈妈不遵守配方奶说明上所建议的用量，总是按照自己的想法和宝宝的要求任意喂食，因此可能导致不好的影响。比如在宝宝发烧的情况下，喂太多配方奶，宝宝的肾脏可能就不能正常地排出盐分，体重可能会急剧增加。或者为了延长宝宝的睡眠时间，有些妈妈会在配方奶里添加谷物粉，这也很容易导致宝宝肥胖。所以喂配方奶时，必须控制好时间间隔，以及每次的分量。

喂配方奶的注意事项

① 这时的宝宝即使每天排便4~5次，只要宝宝健康就不用担心。

② 如果宝宝几天都没有排便，妈妈可在牛奶中加入2~3克的麦芽糖。

③ 因为用开水冲泡奶粉，会破坏牛奶中的部分维生素，所以可选用复合维生素或果汁来补充。但妈妈不要把复合维生素加在奶粉中冲泡，以免维生素被破坏。

宝宝维生素的补充

由于胎儿在母体内吸收了多种维生素并且储存起来，因此一般认为在宝宝出生两个月内，即使不补充维生素，宝宝体内的存量也能满足生长需要。不过，如果妈妈偏食或在妊娠期没有补充足够的维生素，宝宝体内的维生素储备就有可能不足，所以应提前补充。

1.补充维生素D，防止佝偻病

佝偻病是一种骨骼发育不良的疾病，是由维生素D不足引起的。如果人体接触紫外线，皮肤就能自动合成维生素D，但是宝宝在出生1个月内一般不晒太阳，接触不到紫外线，因此新生儿出生3周后应每天补充维生素D。特别是早产儿，由于其在母体中吸收的维生素较少，更应在出生2周后开始补充。

2.补充维生素C，健康好帮手

维生素C能够促进人体骨胶原的合成，骨胶原是人体牙齿、骨骼、组织细胞等的组成部分，而维生素C在协助骨胶原的生成上占有重要的功能。在哺乳期间，如果妈妈注意水果等富含维生素C食物的摄取，就不必担心宝宝缺乏维生素C。如果是奶粉喂养就要注意了，因为在用开水冲泡奶粉时，一部分维生素C会流失。因此在宝宝出生后2~3周内，可以在医生指导下每天补充维生素C。

3.维生素B$_2$——成长的维生素

维生素B$_2$被称为"成长的维生素"，身体内如果维生素B$_2$不足，可能造成宝宝生长发育不良。因此，维生素B$_2$对宝宝的成长发育特别重要。

4.补充维生素A，助眼明亮

母乳和牛奶中维生素A含量较高，且不易被破坏，所以，正常宝宝都不需要额外添加维生素A。对于早产儿，则需要在医生指导下服用。

配方奶喂养 Q & A

Q 如果没有母乳，可以用鲜奶代替配方奶吗？

A 鲜奶与母乳相比有其不足之处，但同样营养丰富。鲜奶中除了蛋白质以外，还含有比母乳多2倍的钙。不过，出生未满1岁的宝宝是不能直接喂食鲜奶的，因为此时宝宝的肠胃难以消化吸收那么多的矿物质，肾脏也无法承受更多的钙。此外，鲜奶里面铁质不足，还可能引起宝宝肠出血。等到宝宝1岁后，肠胃进一步发育，就可给宝宝喝安全、易消化的鲜奶了。

Q 想给宝宝换奶粉应该怎么做？

A 突然换奶粉可能对宝宝的肠胃造成刺激。可以在刚开始时与正在食用的奶粉混合喂养，给宝宝的肠胃一定的适应时间。旧奶粉和新奶粉的混合比例起初为7：3，慢慢变为5：5，然后为3：7，这样循序渐进地调整，宝宝容易接受些。

Q 宝宝可以喝配方奶吗？

A 新生儿配方奶粉的优点在于经过科学调配，所含成分更接近母乳。目前，市售配方奶粉的种类很多，且大都添加了能促进宝宝身体正常生长发育的各种成分，因此乳汁缺乏的妈妈不用担心宝宝喝配方奶会影响生长发育。

Q 配方奶可自行调整浓度吗？

A 配方奶正确的冲泡方式是指"每一匙奶粉以多少的水量冲泡"。如果先放奶粉，再倒入水，就会泡出浓度较高的奶。另外，由于各品牌的量匙大小不一，冲泡前需详细参阅奶粉罐上的比例说明，并使用罐内所附的量匙冲泡奶粉，避免过浓或过淡。

Q 喂奶时如何减轻宝宝的不适感？

A 宝宝如果喝了混入较多空气的奶，很容易胀气或肚子痛。为了减少空气产生，可以在冲泡奶粉

许多妈妈因为自身的原因，无法给宝宝哺喂母乳，此时可以选择配方奶粉来哺喂宝宝，只要挑选合适的配方奶粉，宝宝一样能摄取充分的营养，健康地成长发育。

时顺时针或逆时针摇晃奶瓶，或者摇匀后将奶瓶盖松开再旋紧，这些都是减少空气产生的方法。泡好的配方奶，仅可置放于室温下1小时，建议在30分钟到1小时内喝完，若需要加温，应隔水加热，勿使用微波炉加热。冲泡好的配方奶不可隔餐饮用，容易滋生细菌。

Q 泡奶最适合的温度是多少?

A 为有效杀除配方奶粉中可能存在的细菌，冲泡配方奶的水温应为70℃，喂给宝宝前可稍微静置或隔水降温至40℃~60℃，以宝宝习惯喝的温度为主。要喂食前，妈妈可先滴在手腕内侧感觉温度，以不烫为原则。

Q 可以在宝宝喝的奶粉中添加米麸吗?

A 新生儿不要喂米麸。因为米麸是用米粉制成，而刚出生的宝宝消化功能不够健全。如果从新生儿期就给宝宝加米麸的话，宝宝消化不了，不仅不能吃饱，还有可能导致消化不良，影响正常发育。另外，从营养学角度来讲，米麸所含的营养成分不能满足宝宝生长发育的需要。

小叮咛

长期使用奶瓶会造成宝宝蛀牙和牙齿参差不齐，因此最好在宝宝出生后的12个月内停止使用奶瓶。有些妈妈在喂奶粉时坚持用奶瓶，但从8个月开始，就可以试着用杯子喂配方奶。而且，在使用杯子时，最好让宝宝练习自己拿杯子，以训练其手部的协调能力。

宝宝常见的过敏症状

宝宝身上一些症状可能都是由过敏所引起的，甚至更严重的表征如湿疹等，也可能具有潜在的过敏诱发因子。

湿疹

1.症状

· 皮肤痒

· 荨麻疹（风疹）

2.常见的诱发因子（过敏原）

· 食物（蛋、奶、鱼、小麦、花生、黄豆及榛果等）

· 家中尘螨

· 宠物（猫、狗、天竺鼠以及兔子等）

3.引起症状的原因

湿疹是由多种内外因素引起的瘙痒剧烈的一种皮肤炎症反应，主要包括环境因素、饮食因素，某些湿疹还与微生物的感染有关。

4.表征及处理方式

湿疹是孩童或成人都可能会有的症状，好发于儿童的婴幼年时期。湿疹没有治疗药方，涂抹乳液可有效缓解症状，找出湿疹的原因也很重要，接受医生明确的诊断并对症治疗，是帮助宝宝缓解某些不良反应的最佳方法。

过敏性鼻炎

1.症状

· 鼻塞

· 鼻子痒

· 喉咙、嘴巴或嘴唇痒

· 眼睛红痒及眼睑肿胀

· 流鼻涕

· 打喷嚏

· 嘴巴或呼吸道肿胀

· 流眼泪

2.常见的诱发因子（过敏原）

· 花粉（树木、杂草等）

· 家中尘螨

· 蟑螂

· 宠物（猫、狗、天竺鼠以及兔子）

· 其他动物（马和鸟）

3.引起症状的原因

身体对空气中的过敏原产生过敏反应，引起鼻腔、鼻窦及眼睛黏膜发炎。这是一种季节性的疾病，好发于花粉季节，但也可能是全年性的疾病。

4.表征及处理方式

花粉热或过敏性鼻炎作为非常普通的疾病常被误认为一般的感冒。当症状重复持续出现时，请务必找医生诊治，以免让宝宝的情况更为恶化。

花粉热

1.症状

· 眼睛红痒及眼睑肿胀

· 流眼泪

2.常见的诱发因子（过敏原）

· 花粉（树木、杂草等）

· 家中尘螨

· 蟑螂

· 宠物（猫、狗、天竺鼠以及兔子等）

3.引起症状的原因

花粉热的成因很复杂，对花粉的过敏反应是其主要原因，因此它通常是一种季节性的疾病，好发于花粉季节，但也可能是全年性的疾病。

4.表征及处理方式

其症状与感冒相似，主要是鼻塞、流鼻涕、打喷嚏。此时可食用大量富含抗氧化剂的水果与蔬菜来缓解。

胃肠道问题

1.症状

· 腹泻

· 胃痛

· 恶心及呕吐

· 体重减轻

2.常见的诱发因子（过敏原）

· 蛋

· 奶

· 小麦

· 黄豆

· 花生

· 榛果及其他坚果

3.引起症状的原因

这些症状与摄取的食物有密切关系。但是，由于引发胃肠道问题的原因有许多种（过敏、肤质过敏疾病或乳糖不耐症等），因此正确诊断病因的难度很高。

4.表征及处理方式

过敏可能引发成人与孩童（甚至是婴儿）的肠胃道问题，如胃痛、腹泻及呕吐。当症状较严重时，请务必找医生诊治。

Chapter

2

过敏儿也能安心吃的辅食

——4～6个月宝宝不过敏饮食宜忌

如果是过敏体质的宝宝，或爸爸妈妈有过敏体质者，建议宝

宝在5～6个月后再添加辅食，以免太早让宝宝吃辅食而引发过敏反

应。容易引发宝宝过敏的食材有鸡蛋、鲜奶、黄豆、花生等，但引

发每个宝宝过敏的食材不一样，必须在喂养时细细观察，应尽量避

免在宝宝开始吃辅食时，就尝试增添高过敏食材。

添加辅食不过敏原则

宝宝4个月之后可以开始添加辅食，一次只让宝宝尝试一种新的食材，并注意宝宝在吃完辅食之后是否有过敏现象，这样就能渐渐掌握宝宝不过敏的饮食原则。

添加辅食的四大原则

1.性状由稀到稠

给宝宝添加辅食，有利于宝宝学会吞咽和咀嚼的动作，但添加时应注意食材由稀到稠，以让宝宝的胃肠道逐渐适应。

2.制作由细到粗

开始添加辅食时，为了防止宝宝发生吞咽困难或其他问题，应选择较容易咬食的食材，随着宝宝咀嚼能力的提高，再逐渐增加其他食材。

3.食材由单一到多样

一次只添加一种新食物，隔几天之后再添加另一种。这样万一宝宝有过敏反应，就可以知道是由哪种食物引起的。

4.添加量由少到多

开始时只给宝宝进食少量的新食物，分量约一小汤匙左右，待宝宝习惯了新食物，再慢慢增加分量。随着宝宝不断长大，需要的食物也相对增多。记录宝宝每一餐辅食吃的分量，就可以清楚掌握宝宝食量的变化，并适时增加分量。

添加辅食的注意事项

1.初次喂食需要耐心

第一次喂固体食物时，有些宝宝可能会将食物吐出来，这只是因为他还不熟悉食物的味道，并不表示他不喜欢。当宝宝学习吃东西时，你可能需要连续喂宝宝数天，让宝宝习惯新口味。

2.创造愉快的用餐气氛

最好在宝宝心情舒畅的时候添加新食物。紧张的气氛会破坏宝宝的食欲及进食的兴趣。

3.尝试了解宝宝进食的反应

宝宝肚子饿时，看到食物会兴奋得手舞足蹈，身体前倾并张开嘴。相反地，如果宝宝不饿，他会闭上嘴巴把头转开或者闭上眼睛睡觉。

4.注意宝宝是否对食物过敏

当你开始喂宝宝固体食物时，要注意观察，宝宝可能会对某些食物有过敏反应，如起疹子、腹泻、不舒服、烦躁不安等。建议每次只添加少量单一种类食物。

提高宝宝抗过敏的能力

出生不满4个月的宝宝，消化系统尚未发育成熟，免疫力也较低，所以在这时就喂辅食，很容易使其出现过敏的现象。

本身就有遗传性过敏症状的宝宝，则要更晚开始吃辅食，在辅食的准备上也要更用心。只要是爸爸妈妈吃了会过敏的食物，通常也会是导致宝宝过敏的过敏原，必须等到宝宝大一点，最好是1岁之后，再让他尝试这些可能会导致过敏的食物。

另外，为了顺利让宝宝进入断奶期，妈妈一定要在宝宝开始吃辅食之前，就做好一定的准备。断奶的重点在于：一是让宝宝可以顺利地从吸吮到咀嚼；二是要及时发现宝宝有无过敏的现象，用心制定断奶饮食计划。

白米糊

材料 泡好的白米 10 克

做法
1. 白米洗净，加水浸泡 1 个小时，再沥干。
2. 白米中加入 100 毫升的水，用小火煮成白米粥。
3. 将煮好的白米粥放入研磨器中，磨成米糊，再用纱布过滤即可。

小叮咛

最开始给宝宝制作辅食要挑选低敏食材，质地必须是软与稀的，可以水糊状食物为主，建议从白米糊开始给宝宝尝试，等其吞咽能力提升之后，再调整食物的稠度。

4～6个月宝宝辅食喂养的进度

辅食是为了让宝宝补充更均衡的营养，可以制定明确的辅食喂养计划。

开始喂辅食的时机

混合喂养或人工喂养的宝宝6个月以后就可以添加辅食了，而纯母乳喂养的宝宝要晚一些。但每个宝宝的生长发育情况不一样，因此添加辅食的时间也不能一概而论。

4～6个月大的宝宝体内的消化酶仍未发展成熟，因此添辅食建议先从根茎类食材开始，像米糊、红薯糊等，但要注意小麦类食物先不要给宝宝尝试。小麦中含有麸质，以东方人的体质来说，较容易引起过敏反应。

初期辅食喂养要点

1.从低过敏的食材开始

只要是口味清淡、新鲜的食材，都适合用作宝宝的辅食，可从五谷根茎类食材开始，再到蔬菜、水果、鱼肉蛋豆类，而且食材煮熟透可降低过敏概率。

2.一天一餐辅食

宝宝刚开始吃辅食，一天只要固定喂食1餐，6个月之后再增加为2餐。

3.一次只添加一种新食材

一次只给宝宝尝试1种新食物，如果连续3天都没有过敏反应，再尝试别的食材。

4.先喂辅食再喂奶

如果喂完辅食之后，宝宝不想喝奶，不必强喂。

喂辅食要循序渐进

宝宝的第一口辅食，最好先少量，待宝宝肠胃适应后，再慢慢增量。

宝宝吃辅食要分阶段，这主要是因为宝宝的咀嚼和消化功能尚未发育完全。通常在还没学会吞咽的阶段都会先以水糊状的食物为主，再随着月龄增长或以宝宝的反应来逐渐做调整。

在辅食喂养过程中，要注意观察宝宝的大便状况。如果大便太稀，可减少辅食的分量，等大便恢复正常之后，再逐渐增加喂食的分量。

让宝宝用餐时保持愉快心情

最开始给宝宝喂辅食，不在于吃的多少，而是让宝宝能习惯有别于母乳或配方奶的食物，并练习吞咽咀嚼，以及建立用餐习惯。每个宝宝的成长速度大不相同，食量也会不一样，爸爸妈妈要避免一味地与别人比较宝宝的身高、体重，或担心宝宝吃得比别人少，让宝宝按照自己的生长曲线成长就好，宝宝健康才是最重要的。因此如果喂食辅食这件事情变成半强迫的话，反而会增加宝宝的反感。

不要太早让宝宝喝果汁

很多妈妈从宝宝出生2～3个月就开始喂果汁，但果汁的甜味反而会让宝宝习惯甜度高的食物，而不想尝试其他的食物。建议先让宝宝尝试米糊、蔬菜泥等食物后，再开始给予果汁，且给宝宝喝的果汁一定要加开水稀释，浓度太高的果汁很有可能会使宝宝消化不良。

天然苹果汁

材料 苹果 30 克

做法
1. 苹果洗净，去皮和核，切成小块。
2. 将苹果块放入研磨器中，加少许开水磨成泥状，再用纱布过滤出果汁。
3. 果汁中加入 150 毫升的开水稀释即可。

小叮咛

苹果酸度低且属于低敏食材，很适合当作宝宝第一次尝试喝的果汁。

4 ~ 6 个月宝宝
辅食喂养时间表

4 ~ 5 个月宝宝辅食喂养时间表

喂食时间 6:30	喂食时间 10:00	喂食时间 12:00	喂食时间 14:00	喂食时间 18:00	喂食时间 22:00
	+	（可不喂）			
	（想喝再喂）				

6 个月宝宝辅食喂养时间表

喂食时间 6:30	喂食时间 10:00	喂食时间 12:00	喂食时间 14:00	喂食时间 18:00	喂食时间 22:00
	+	（可不喂）		+	
	（想喝再喂）			（想喝再喂）	

容易吞咽的柔软稀烂状

最开始给予的辅食质地必须是软与稀的，主要是可以让宝宝直接吞咽下去，先以水糊状的食物为主，建议从白米糊开始给宝宝尝试，等宝宝的吞咽能力提升之后，再调整食物的稠度。不可一开始就让宝宝吃大人吃的米粥或食物，否则很容易造成宝宝吞咽困难，或是消化不良。

喂食的分量从1小匙开始

4 ~ 6个月宝宝吃辅食，主要是练习吞咽和熟悉汤匙，不可一开始就大量喂食。最初喂食的分量要从1小匙（5毫升）开始，再视宝宝进食的反应而2天增加1小匙。这个分量只是参考，实际上必须根据宝宝的食欲做调整。

4 ~ 6个月辅食软硬度

4~6个月					
6个月后					
米饭	红薯	鸡肉	胡萝卜	苹果	菠菜

31

4～6个月宝宝
饮食宜忌

4～6个月宝宝在饮食方面要特别注意，以及这个时期宝宝适合吃的不过敏食材，并推荐营养满分的辅食食谱，让宝宝吃得开心，妈妈也放心。

蔬菜汤、果汁的添加

4～6个月宝宝可以适量地添加一些蔬菜汤和果汁，这些不仅可以补充维生素及纤维素，还可以使大便变软，易于排出，而且果汁、菜汁比较容易被宝宝接受。

制作蔬菜汤时，宜选用新鲜、深色蔬菜的叶子。将蔬菜叶洗净、切碎，放入干净碗中，再放入电饭锅内蒸熟，取出后将菜汁滤出。

在不同的季节选用新鲜、成熟、多汁的水果，从低敏水果开始选择。制作果汁前，爸爸、妈妈要洗净双手，再将水果冲洗干净、去皮，把果肉切成小块，放入干净的碗中，用汤匙背挤压，或用消毒干净的纱布过滤果汁。还可以直接用果汁机来制作果汁，既方便又卫生。

需要注意的是，在喂食蔬菜汤和果汁的时候，不要使用奶瓶，应用小汤匙或小杯，以让宝宝逐渐适应用汤匙喂食的习惯。一般喂食时间最好安排在两次喂奶之间。

鱼肝油的添加

母乳中所含的维生素D较少，不能满足宝宝的发育及需求。维生素D主要是依靠晒太阳获得。食物中也含有少量的维生素D，浓缩的鱼肝油中含量较多。孕妇在孕晚期如果没有补充维生素D及钙质，宝宝非常容易发生先天性佝偻病，因此在出生后2周就要开始给宝宝添加鱼肝油。

淀粉类食物的添加

宝宝在3个月后唾液腺逐渐发育完全，唾液量显著增加，因而满4个月后，宝宝可食用米糊或面糊等，即使乳量摄取充足，仍应添加淀粉食品以补充能量，并培养宝宝用汤匙进食半固体食物的习惯。初食时，可将营养米粉调成糊状，开始较稀，逐渐加稠，要先喂1汤匙，逐渐增至3～4汤匙，每天2次。自5～6个月起，宝宝乳牙逐渐长出，可改食煮得较软烂的粥或面。一般先喂白米制品，因其比小麦制品较少引起宝宝过敏。

蔬菜与水果的添加

妈妈需要谨记的是，给宝宝添辅食必须先尝试蔬菜，然后才是水果。宝宝天性喜欢甜食，如先吃水果，宝宝就可能不爱吃蔬菜。刚开始可以提供1～2汤匙单一品种的过滤蔬菜或蔬菜泥，例如青菜、南瓜、胡萝卜、土豆。这些食物不容易产生过敏反应，煮熟后可压成泥，是便捷又健康的宝宝食物。

这时食物的量可渐渐增加，每天2次，具体的餐次和每餐的量要取决于婴儿的胃口，不要硬喂。妈妈可以试着将蔬菜和水果混合，例如胡萝卜和苹果。到6个月时，宝宝可以在继续吃母乳或配方奶的基础上，每天吃2次水果和蔬菜。

4～6个月宝宝营养补给要点

从4～6个月开始，宝宝因大量营养需求而必须添加辅食，但此时其消化系统尚未发育完全，如果辅食添加不当容易造成消化系统失调，因此在辅食添加方面，需要掌握一些原则和方法。

由于此阶段的摄食量个体差别较大，因此要根据宝宝的自身特点掌握喂食量，辅食添加也应如此。添加辅食要循序渐进，由少到多，由稀到稠，由软到硬，由一种到多种。开始时可先加泥糊样食物，每次只能添加一种食物，还要观察3～7天，待习惯后再加另一种食物。

每次添加新的食材时，一天只能喂一次，而且量不宜大。每次宝宝进食新食物时，要观察其大便有无异常，如有异常须暂缓添加。最好在哺乳前添加辅食，因饥饿状态会更容易接受新食物，当宝宝生病或天气炎热时，不宜添加辅食，也不要在宝宝烦躁不安时尝试添加新食物。

刚开始喂的食物应稀一些，呈半流质状态，为宝宝以后吃固态食物做准备。宜用汤匙喂，不要把食物放在奶瓶里让宝宝吮吸，对宝宝来说，"吞咽"与"吮吸"是截然不同的两件事。吞咽食物的过程是一个逐渐学习和适应的过程。这个过程，宝宝可能会出现一些现象，如吐出食物、流口水等。因此，每种食物刚开始喂的时候，要少一些，先从1～2汤匙开始，等到宝宝想多吃一些时再增加喂食的量，一般一个星期左右宝宝就可以度过适应期了。宝宝的摄取量每天都在变化，因此只要隔几周少量地增加辅食的摄取量，就能自然地减少哺乳量。

妈妈不宜嚼食后再喂食

许多爸妈怕宝宝嚼不烂食物，吃下去不易消化，就自己先嚼烂后再喂，有的甚至嘴对嘴喂，有的则用手指头把嚼烂的食物抹在婴幼儿嘴里，这样做是很不卫生的。因为大人的口腔里常带有病菌，很容易把病菌带入嘴里，大人抵抗力较强，而宝宝抵抗力非常弱，很容易传染上疾病。因此，宝宝不能嚼或嚼不烂的食物最好煮烂或切碎，再用小汤匙喂给宝宝吃。

宜吃的食材

苹果

苹果含有丰富的矿物质和多种维生素，还可维持消化系统健康，宝宝可常吃。蒸熟的苹果泥可涩肠，帮助减轻腹泻，稀释的苹果汁能顺气消食。但是，1岁以下的宝宝肠胃特别敏感，所以喂食量不宜过多。需要注意的是，不可以用苹果汁代替水。

➕ 主要营养素

果胶、锌

苹果中富含果胶，能在肠内吸附水分，使大便变得柔软而容易排出。此外，苹果中含有大量锌元素，可促进宝宝生长发育，增强记忆力。

❗ 食用功效

苹果有润肠、安眠养神、益心气、消食化积等功效，同时能降低食欲，很适合食欲过盛、有营养过剩等症状的婴幼儿食用，苹果汁还能增强抵抗力、治疗腹泻、预防蛀牙。苹果中含有大量纤维素，常吃可以预防便秘。

❯❯ 选购保存

选购苹果时，以外表新鲜、果皮外有一层薄霜的为好。苹果切开后与空气接触会因发生氧化作用而变成褐色，可在盐水里泡15分钟左右，这样可防止苹果氧化变色。苹果放在阴凉处可以保存7～10天，如果装入塑料袋后放进冰箱，能保存更久。

搭 | 配 | 宜 | 忌

宜

苹果+西红柿
调理肠胃

苹果+桃
润肠通便

忌

苹果+海鲜
引起腹痛、呕吐

苹果+白萝卜
导致甲状腺肿大

34

苹果泥

扫一扫!

材料

苹果 25 克

做法

1．苹果洗净，去皮和核，磨成泥。
2．在磨好的苹果泥中，加入适量的温开水稀释，搅拌均匀即可。

苹果稀粥

材料

泡好的白米 10 克
苹果 30 克

做法

1．把白米磨碎，再加 100 毫升水熬成米粥。
2．苹果洗净，去皮和核，磨成泥。
3．将苹果泥放进米粥里，煮滚即可。

适合
4~6个月宝宝

宜吃的食材
白米

白米富含粗纤维及蛋白质等，有助于消化，利于排便，并且可以促进血液循环，提高身体免疫力。一般人都可食用白米，尤其是体虚、高热、消化能力较弱、久病初愈者和婴幼儿等。

➕ 主要营养素

粗纤维、蛋白质

白米中的蛋白质含量丰富，而蛋白质是构建身体和生理功能的重要物质，是宝宝成长中不可或缺的营养物质。

❗ 食用功效

白米能提高人体免疫功能，促进血液循环，还有健脾和胃、补中益气、除烦渴、止泻痢的功效，也可刺激胃液分泌，有助于消化。

➡ 选购保存

白米以外观完整、坚实、饱满、无虫蛀、无细点、无异物夹杂为佳。可以用木质且有盖的容器装盛白米，并置于阴凉、干燥、通风处保存。在米里放几瓣剥了皮的大蒜，能防止米虫。

搭 | 配 | 宜 | 忌

宜

白米+牛奶
补虚损、润五脏

白米+上海青
健脾补虚、清热消炎

忌

白米+蜂蜜
易引发胃痛

白米+豆浆
易引发胀气

适合
4～6个月宝宝

菠菜米糊

扫一扫!

材料

白米糊 60 克
菠菜 10 克

做法

1. 菠菜洗净后，快速焯烫并沥干水分。

2. 将菠菜放入料理机中搅打成泥状，再用滤网过滤。

3. 在白米糊中放入适量水和菠菜泥，煮滚即可。

包菜稀粥

材料

泡好的白米 10 克
包菜 20 克

做法

1. 把白米磨碎，再加 100 毫升水熬成米粥。

2. 包菜洗净后，用刀剁碎，越碎越好。

3. 在米粥里放进包菜碎末，煮滚即可。

适合
4～6个月宝宝

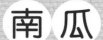

南 瓜

南瓜所含的维生素E能帮助脑垂体激素正常分泌,有利于宝宝的生长发育。同时,南瓜还能加强胃肠蠕动,帮助宝宝消化。

➕ 主要营养素

糖类、β-胡萝卜素

南瓜多糖是一种非特异性免疫力增强剂,能增强抗病能力。南瓜中的β-胡萝卜素可转化成维生素A,这对皮肤组织的生长分化与骨骼的发育有重要作用。

❗ 食用功效

南瓜具有润肺益气、化痰、止喘等功效。另外,南瓜富含锌,有益于皮肤和指甲健康,所含果胶还可以保护胃肠道黏膜,使其免受粗糙食物刺激。

➡ 选购保存

应选购外形完整,最好是瓜梗蒂连着瓜身的南瓜。如果要长时间储存,可购买未熟透的南瓜。吃不完的南瓜,可去掉南瓜籽,包好保鲜膜后,再放入冰箱冷藏保存。

搭 | 配 | 宜 | 忌

宜

南瓜+绿豆
清热解毒、生津止渴

南瓜+山药
提神补气

忌

南瓜+辣椒
破坏维生素C

南瓜+虾
引起腹泻、腹胀

适合
4~6个月宝宝

南瓜米糊

扫一扫!

材料

白米糊 60 克
南瓜 10 克
胡萝卜 10 克

做法

1. 胡萝卜洗净、去皮，蒸熟后磨成泥。

2. 将南瓜洗净，去皮及瓤，蒸熟后打成泥。

3. 锅中放入白米糊、适量水、胡萝卜泥、南瓜泥，煮滚即可。

菠菜南瓜粥

材料

白米粥 75 克　　　南瓜 20 克
菠菜 10 克　　　　蛋黄 1 个
芝麻少许

做法

1. 南瓜洗净后，去皮、去籽，切成小丁；菠菜洗净，焯烫后剁碎；芝麻磨碎；蛋黄打散，备用。

2. 锅中放入白米粥和 50 毫升水煮滚，加入南瓜、菠菜、蛋液，煮熟后撒上芝麻即可。

适合
4~6个月宝宝

胡萝卜

胡萝卜富含 β-胡萝卜素，其可转化为维生素A，有助于增强免疫力，也是维持宝宝骨骼正常生长发育的必需物质。注意不要生吃胡萝卜，胡萝卜只有过油烹调后，所含的类 β-胡萝卜素才容易被人体有效吸收。

➕ 主要营养素

维生素A、植物纤维

维生素A是促进骨骼正常生长发育的必需物质。植物纤维可促进肠道蠕动。

❗ 食用功效

胡萝卜有健脾和胃、清热解毒、降气止咳等功效，对于肠胃不适、便秘、麻疹、幼儿营养不良等症状有食疗作用。胡萝卜富含维生素，可促进血液循环，使皮肤细嫩光滑。

➡ 选购保存

选购胡萝卜，以色泽鲜嫩、匀称笔直、外表平滑为佳，颜色深的比浅的好。胡萝卜应避免与苹果、梨等混合存放。胡萝卜存放前不要用水冲洗，只需将其的"头部"切掉，然后放入冰箱冷藏即可。

搭 | 配 | 宜 | 忌

宜

胡萝卜+大米
改善胃肠功能

胡萝卜+糙米
保护视力

忌

胡萝卜+柠檬
破坏维生素C

胡萝卜+红枣
降低营养价值

适合
4～6个月宝宝

蔬菜鸡胸肉汤

扫一扫!

材料

鸡胸肉 10 克
菠菜 10 克
胡萝卜 20 克

做法

1. 将鸡胸肉加水煮熟后捞出,高汤留下备用。
2. 菠菜洗净,用滚水焯烫一下,切碎。
3. 胡萝卜洗净,去皮、切碎。
4. 锅中放入高汤、切碎的菠菜和胡萝卜一起熬煮片刻,滤出汤汁即可。

胡萝卜米糊

材料

白米糊 60 克
胡萝卜 10 克
梨子 15 克

做法

1. 梨子洗净,去皮和果核后,磨成泥。
2. 胡萝卜洗净、去皮,蒸熟后磨成泥。
3. 锅中放入白米糊、梨子泥、胡萝卜泥和适量水,稍煮片刻即可。

适合
4～6个月宝宝

大白菜

大白菜含有蛋白质、维生素、矿物质等营养成分，能增强宝宝的免疫力。另外，大白菜的锌含量高于肉类和蛋类，能促进宝宝生长发育。

➕ 主要营养素

维生素A、膳食纤维

大白菜中的维生素A，可以促进幼儿发育成长和预防夜盲症，还可促进骨骼和牙齿生长。大白菜中所含的丰富的膳食纤维，能促进肠道蠕动，还可增强抗病能力。

❗ 食用功效

大白菜具有通利肠胃、清热解毒、止咳化痰等功效。大白菜中的粗纤维能促进肠道蠕动，婴幼儿食用的话能防治便秘。大白菜中锌含量较高，可促进幼儿生长发育。

➡ 选购保存

应挑选包得紧实、新鲜、无虫害的大白菜，选购时要注意根部刀切部位是否变色，若变色则不宜购买。保存时，应保留白菜外面的部分残叶，以保持水分。

搭 | 配 | 宜 | 忌

宜

大白菜+牛肉
健胃消食

大白菜+猪肉
补充营养、通便

忌

大白菜+黄瓜
降低营养价值

大白菜+羊肝
破坏维生素C

适合
4～6个月宝宝

大白菜稀粥

材料

泡好的白米 10 克
大白菜 30 克

做法

1. 把白米磨碎，再加入 70 毫升水熬成米粥。
2. 大白菜洗净，烫熟后磨成泥。
3. 在米粥里放进磨碎的大白菜泥，煮滚即可。

双菜稀粥

材料

泡好的白米 10 克
菠菜 15 克
大白菜 15 克

做法

1. 把白米磨碎，熬成米粥。
2. 菠菜和大白菜挑选嫩叶，洗净后擦干水分，再磨成泥。
3. 在米粥里放入菜泥，煮滚即可。

适合
4～6个月宝宝

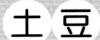

宜吃的食材
土豆

土豆切开后容易氧化变黑，最好尽快吃完。削皮的土豆如不马上烹调，应浸在凉水里，但不能浸泡太久，以免营养素流失。

➕ 主要营养素

维生素C、膳食纤维

土豆含有大量的淀粉以及蛋白质，还有维生素C，能促进消化。此外，土豆中大量的膳食纤维，也能帮助人体代谢毒素，防止便秘，预防肠道疾病的发生。

❗ 食用功效

土豆具有和胃、活血、消肿等功效，可辅助治疗幼儿消化不良、习惯性便秘等。土豆富含维生素、钾、纤维素等，可以帮助通便，还可以增强免疫力。

➽ 选购保存

应选表皮光滑、个体大小一致、没有发芽的土豆。土豆应储存在低温、无阳光照射的地方，可保存2周左右。土豆可以和苹果放在一起保存，但不能与红薯放在一起，否则会加速发芽。

搭｜配｜宜｜忌

宜

土豆+黄瓜
有利于身体健康

土豆+牛奶
均衡营养

忌

土豆+西红柿
易导致消化不良

土豆+石榴
易引起中毒

适合
4~6个月宝宝

土豆稀粥

材料

泡好的白米 10 克
土豆 10 克

做法

1. 把白米磨碎，再加 100 毫升水熬成米粥。
2. 土豆洗净、去皮后，磨成泥。
3. 在米粥里放进土豆泥，煮滚即可。

土豆汤

材料

土豆 20 克
蔬菜高汤 50 毫升

做法

1. 将土豆洗净、去皮，切小块，放入蒸锅中蒸至熟软，取出后趁热捣碎。
2. 锅中放入蔬菜高汤，再倒入土豆泥，搅拌均匀，煮滚即可。

适合
4~6个月宝宝

宜吃的食材
小白菜

烹调小白菜的时间不宜过长，以免损失其营养。脾胃虚寒、大便稀薄者及拉肚子的人，或易痛经的女性不宜多吃。食用前最好用盐水多次清洗蔬菜，以免农药残留。

➕ 主要营养素

粗纤维、β-胡萝卜素、维生素C

小白菜中的粗纤维可促进大肠蠕动，保持大便通畅。小白菜中所含的维生素C，可使皮肤保持水嫩。

❗ 食用功效

小白菜富含抗过敏的维生素A、维生素C、B族维生素、钾、硒等，而且含钙量高，是防治婴幼儿维生素D缺乏症（佝偻病）的理想蔬菜。

➡ 选购保存

新鲜的小白菜呈绿色，有光泽，无腐烂，少虫蛀现象。小白菜一般是现买现吃。如保存在冰箱内，最多能保鲜1～2天。需保存的小白菜忌用水洗，因为水洗后易造成茎叶溃烂。

搭｜配｜宜｜忌

宜

小白菜+虾皮
增强体质

小白菜+猪肉
促进成长

忌

小白菜+黄瓜
引起腹泻和呕吐

小白菜+醋
营养流失

适合
4~6个月宝宝

小·白菜稀粥

材料

泡好的白米 10 克
小白菜 10 克

做法

1. 把白米磨碎后，再加 100 毫升水煮
成米粥。
2. 小白菜洗净，取嫩叶磨成泥。
3. 在米粥里放进小白菜泥，煮滚即可。

白菜梨子粥

材料

泡好的白米 10 克
梨子 10 克
小白菜 10 克

做法

1. 把白米磨碎，再加入 70 毫升水熬
成米粥。
2. 梨子洗净，去皮和核，磨成泥；小
白菜洗净，磨碎。
3. 米粥中放入梨子泥和小白菜，煮滚
即可。

适合
4~6个月宝宝

宜吃的食材

梨

梨肉脆汁多、酸甜可口、营养丰富，但由于梨性寒凉，脾胃虚寒者不宜多吃。

➕ 主要营养素

B族维生素、糖类

梨水分充足，含有丰富的B族维生素，可以促进肝脏的代谢。梨中还富含糖类，能够维持大脑功能必需的能量。梨还可以提供膳食纤维，有利于肠道的健康。

❗ 食用功效

梨具有止咳化痰、清热降火、养血生津、润肺去燥等功效，对幼儿风热、咽干喉痛、大便燥结等也有食疗效果。

⏩ 选购保存

梨以表皮光滑、无虫蛀、无碰坏、能闻到果香的为佳。保存时，置于室内阴凉角落处即可，如需冷藏，可装在纸袋中放入冰箱储存2~3天。

搭｜配｜宜｜忌

宜

梨+银耳
润肺止咳

梨+核桃
清热解毒

忌

梨+白萝卜
易诱发甲状腺肿大

梨+蟹
影响肠胃消化

适合
4～6个月宝宝

水梨米糊

材料

白米糊 60 克
水梨 15 克

做法

1. 白米糊加适量水搅拌均匀。
2. 水梨洗净，去皮和核，再磨成泥备用。
3. 白米糊煮滚后，加入水梨泥，再稍煮片刻即可。

萝卜梨米糊

材料

白米糊 60 克
白萝卜 10 克
梨子 15 克

做法

1. 梨子洗净，去皮和核，磨成泥。
2. 白萝卜洗净、去皮后，磨成泥。
3. 将梨子泥和白萝卜泥放入米糊中，熬煮片刻即可。

适合
4～6个月宝宝

宜吃的食材
花菜

花菜对咳嗽有食用功效，特别适合患有百日咳的婴幼儿。一般人多食用花蕾部分，但花菜茎部的膳食纤维更多。

➕ 主要营养素

类黄酮、维生素C

花菜是含有类黄酮最好的食材之一，能增强抵抗力。花菜中含有的维生素C，具有抗氧化功能，能保护细胞，维护骨骼、肌肉、牙齿等的正常功能。

❗ 食用功效

花菜含有丰富的水分、膳食纤维、维生素及矿物质，其性平味甘，有健脾养胃、清肺润喉、清热解毒的作用。虽然说花菜对人体极有益处，但是，花菜含有少量的天然甲状腺肿大剂，会干扰人体甲状腺对碘的利用，因此，甲状腺功能失调者应避免过量食用。

⏩ 选购保存

将花菜表面的泥土洗净，擦干水分后，放进冰箱冷藏可保存一个星期左右。

搭 | 配 | 宜 | 忌

宜

花菜+玉米
健脾益胃

花菜+猪肉
提高蛋白质的吸收率

忌

花菜+动物肝脏
会阻碍营养物质的吸收

花菜+牛奶
会降低营养价值

适合
4～6个月宝宝

花菜苹果粥

材料

白米糊 60 克
花菜 20 克
苹果 25 克

做法

1. 花菜洗净，取花蕾部分烫熟，切碎；苹果洗净、去皮和核，磨成泥备用。
2. 锅中放入白米糊、适量水、花菜和苹果泥，煮滚即可。

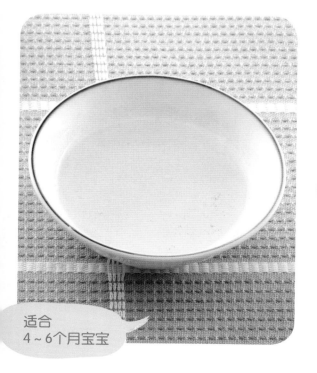

花菜米糊

材料

白米糊 60 克
花菜 20 克

做法

1. 花菜洗净，取花蕾部分烫熟，切碎备用。
2. 锅中放入白米糊、适量水、花菜，煮滚即可。

适合
4～6个月宝宝

4～6个月宝宝忌吃的食材

4～6个月宝宝的小肠胃还未完全发育成熟，很多食材都还不能列入其食谱中，新手爸妈一定要多加注意。对于容易引发过敏的食材，也要多加留意。

忌 盐

4～6个月宝宝的肾脏发育不成熟，无法充分排出盐中的钠，若滞留在体内，容易引起局部水肿，增加将来患高血压的概率。

忌 味精

在菜肴中加味精的做法，不仅会增加宝宝肠胃的负担，还会导致出现缺锌的症状。

忌 蛋白

4～6个月宝宝的胃肠道功能尚未发育完善，蛋白不易消化，也容易引起过敏。

忌 紫菜

紫菜含有丰富的粗纤维，难以消化，因此，4～6个月宝宝不建议食用紫菜。

4～6个月宝宝过敏食材记录表

引起 4～6 个月宝宝过敏的食材，一般来说有鲜奶、坚果类、柑橘类等食物，但每个宝宝对食物的适应力不同，因此爸爸妈妈要详细记录宝宝的过敏食物清单，才能更有效地预防宝宝过敏。

※4个月宝宝记录表范例

记录时宝宝月龄：4个月，第3周

○表示宝宝没有过敏反应
●表示宝宝有过敏反应

	星期一	星期二	星期三	星期四	星期五	星期六	星期日
早餐	○包菜米糊	○包菜米糊	○包菜米糊	●豆腐泥	○南瓜米糊	○南瓜米糊	○南瓜包菜米糊
午餐	○母乳或配方奶	○母乳或配方奶	○母乳或配方奶	○母乳或配方奶	○母乳或配方奶	○母乳或配方奶	○母乳或配方奶
晚餐	○母乳或配方奶	○母乳或配方奶	○母乳或配方奶	○母乳或配方奶	○母乳或配方奶	○母乳或配方奶	○母乳或配方奶

记录时宝宝月龄：__个月，第__周

○表示宝宝没有过敏反应
●表示宝宝有过敏反应

	星期一	星期二	星期三	星期四	星期五	星期六	星期日
早餐							
午餐							
晚餐							

4～6个月宝宝喂养 Q&A

Q 宝宝可以食用蜂蜜吗?

A 蜂蜜对大人有好处,但对1岁以下的宝宝却不利。蜂蜜含有能诱发肉毒杆菌的成分,这种成分对成人没有害处,但如果让宝宝食用蜂蜜,会引起中毒。此外,蜂蜜中含有激素,对宝宝生长不利,因此1岁以前不可让宝宝食用蜂蜜。

Q 宝宝可以喝鲜奶吗?

A 比起母乳和配方奶,鲜奶里含有大量的盐和蛋白质,这会造成宝宝消化上的压力。此外,鲜奶所含铁质不足,可能会引起宝宝肠出血,因此,在宝宝1岁以前,尽量不要让宝宝喝鲜奶。可用配方奶代替鲜奶加入辅食中,营养好又不伤宝宝的肠胃。

Q 宝宝可以吃冷冻的辅食吗?

A 宝宝辅食的主食大多是谷类、鱼、肉和蔬菜,比较忙碌的爸爸妈妈,可以先把辅食的材料准备好,放在密封容器中,烹调时再拿出来就可以。或是一次制作较多的食物泥,将其冷冻保存3～7天,宝宝要吃的时候,加热解冻后给宝宝食用。但是一旦解冻后就要吃完,隔餐的食物容易滋生细菌。

Q 母乳喂养该何时断奶?

A 母乳最好尽可能长时间地喂养。如果有断奶打算,以出生后6个月到满2岁为宜。但是,在母乳喂养的同时,考虑到宝宝的生长发育,可添加辅食作为补充,以保证宝宝身体所需。

Q 什么时候可以戒安抚奶嘴呢?

A 停止使用安抚奶嘴没有特定的时间限定,最好从宝宝的吮吸反射减弱,或宝宝出生后6～7个月开始。过早停止,宝宝会吮吸手指,可能养成不良的习惯。

在喂养 4 ~ 6 个月宝宝的时候，有许多要特别注意的事项，爸爸妈妈千万不要忽略了哦！

Q 宝宝可以趴着睡吗？

A 宝宝的头盖骨不像成人的骨头是互相融合在一起的。前囟门大约在9个月到1岁半闭合，后囟门在2~6个月闭合。不满3个月的宝宝，因头部发育尚未完全，为了避免呼吸道阻塞，不建议采用趴睡姿势。如果暂时趴睡，也请记得将宝宝放在较硬的床铺上，如果床太软，宝宝的身体会陷下去，由于其头部还不能灵活运动，就可能会有跟着陷下去而造成窒息的危险。若是口鼻容易有分泌物的宝宝，可以采用侧卧的睡姿，但记得要轮流换边替换着睡。

Q 宝宝睡不着怎么办？

A 宝宝吃了感冒药以后，可能因为不舒服而睡不着觉；感染病毒而引起暂时性的肠炎，腹部不适时会睡不着觉；宝宝鼻塞时也难以入睡。宝宝鼻塞时可使用加湿器使室内保持足够的湿度，可为宝宝鼻黏膜提供一定水分，保持其呼吸顺畅，从而改善宝宝的睡眠状况。宝宝腹绞痛时，将热毛巾敷在宝宝腹部，沿顺时针方向轻轻按摩肠部，可以让宝宝舒服一些。

小叮咛

宝宝一开始尝试吃辅食时，可能会吃得很开心，但过一阵子有可能会变得不想吃辅食。这时候不要勉强，配合宝宝的节奏，变换不同味道的食材试试看。

多样化食材有效
抗过敏

——7~9个月宝宝不过敏饮食宜忌

宝宝出生7个月后，消化功能会有很大的改善，出生时储藏在体

内的铁和矿物质、维生素等也开始慢慢消失，所以要利用多元化的

辅食来补充，这时可以开始给宝宝添加一些肉类，以增加蛋白质，

辅食也要逐渐加量，并观察宝宝吃完之后是否会有过敏反应。

食材多样化是
抗过敏的好方法

宝宝的消化功能提升，可以给宝宝尝试各种不同的低敏食材，这样不仅可以摄取更均衡的营养，还可以培养抗过敏的能力，以及养成不挑食的好习惯。

多样化食材的摄取

每个人都容易对相同的食物感到厌烦，何况是敏感过人的宝宝。在看到宝宝健康成长的过程中，我们可以观察宝宝喜欢或讨厌哪些食物，对哪些食物容易过敏。通过观察，我们可以选择不同食材，利用各种烹饪方法，制作出各种花样食物，让宝宝养成不偏食的饮食习惯，也能避免使用让宝宝过敏的食材。

没有哪一种食物可以提供人体所需的全部营养，所以我们从宝宝吃辅食开始，就可以让他们接触多样化的食物。除了利用多样化食材制作辅食外，爸爸妈妈也尽量不要让自己的偏食行为影响到宝宝辅食的添加。因为很可能我们自己不吃的食物就不会添加给宝宝，这就会影响到宝宝多样化营养的摄入。

一般来说，给宝宝制作辅食时，尽量每天安排5种食物，可以是蔬菜、水果、肉蛋类等，当然这些食物也是在确定宝宝不过敏的前提下才添加。可适当加入五谷杂粮，它们含有丰富的纤维、维生素、矿物质等，是比较健康的食材。

不同的食物有不同的营养成分，偏食或挑食都可能造成宝宝营养摄入的不足，爸爸妈妈应尽量利用多样化食物制作营养辅食。好的饮食习惯不仅能维持健康，还可以帮助抵抗各种病菌的侵袭，更能预防宝宝过敏。

洗净蔬菜防过敏

新鲜蔬菜拥有丰富的营养素，也是制作宝宝辅食的常用食材，这样一来，如何正确清洗与保存蔬菜就很重要。蔬菜容易残留农药，没清洗干净就食用的话容易引发过敏反应。

大型叶菜类蔬菜如白菜、包菜等，可先除去外叶再清洗；小型叶菜类如小白菜、上海青、油菜等，可先去除腐叶，再在接近根部的地方切除约1厘米长，然后将叶子一片片剥开，泡在流动的水中清洗至少15分钟；十字花科类蔬菜如花菜等，则可将食材切成食用或烹煮时的大小后，再进行浸泡或冲洗，浸泡时间无需过长，以免营养成分流失；表面不平滑的蔬菜如苦瓜、黄瓜等，则可以在浸洗时，用软毛刷轻轻刷洗；青椒则要先去除蒂之后再清洗。

西兰花炖苹果

材料
西兰花 20 克
苹果 25 克
太白粉 5 克

做法

1. 苹果洗净、去皮，磨成泥；西兰花洗净，烫熟后剁碎；太白粉加水调匀。

2. 锅中放入苹果和西兰花煮滚，倒入太白粉水不停搅拌，直到汤汁浓稠。

小叮咛

花菜可以维持与促进宝宝牙齿及骨骼的正常发育，能保护视力与增加记忆力。花菜或西兰花一样，都是适合宝宝食用的食材。

7～9个月宝宝辅食喂养的进度

大多数7个月的宝宝已长出乳牙，辅食也要逐渐增加颗粒状，这样可以让宝宝练习咀嚼，但不能一下子就给宝宝颗粒较粗的食物，要循序渐进。

增加辅食喂食次数

当宝宝逐渐习惯辅食，且能吃下稀饭、蔬菜泥或肉泥等食物时，就可以慢慢增加喂食次数，从原本的一天固定1餐，改为一天固定2餐。要记得先喂辅食再喂奶，且选在宝宝较容易感到饥饿的时间点喂食，如果先喂奶再喂辅食，宝宝喝奶喝饱了，就不会想吃辅食，也失去借助辅食断乳的意义。

宝宝在一天喂食2餐辅食时，如果每餐吃的辅食分量越来越多，且还不到下一餐的时间就饿了，则可以将一天喂食2餐改为一天3餐。

中期辅食喂养要点

1.增加辅食的浓稠度

宝宝7个月之后，是利用舌头、牙龈和上腭咀嚼的，因此辅食要慢慢增加浓稠度、颗粒也要变粗，这样可以让宝宝练习咀嚼。

2.可以尝试多样化的食材

这时期宝宝的消化功能提升，可以给宝宝尝试各种不同的食材，才能摄取更均衡的营养。

3.一天2～3餐辅食

宝宝逐渐习惯辅食后，一天改为固定喂食2餐，9个月之后可增加为3餐。

4.给予磨牙食物

比起喝奶，这个时期的宝宝更喜欢口味多变的辅食，会迫不及待地张口要吃，或伸手自己拿来吃。大概6个月之后，宝宝会开始长乳牙，因此牙龈常常会痒痒的，可以给予一些磨牙食物。

固定喂辅食的时间与地点

尽量不要随意更改宝宝吃辅食的时间与地点，习惯成自然的原则很重要。宝宝的心思很敏感，如果经常随意变动原本的节奏，反而容易让宝宝变得焦躁不安。如果在正餐的时候不好好练习与培养用餐习惯，等到宝宝月龄渐渐增长，反而更难掌握喂辅食的最佳时间。

另外，喂辅食的地点要固定，一旦变成"你追我喂"的情景就不好了。不如从宝宝接触辅食开始，就慢慢培养固定喂养时间与地点的习惯，让宝宝知道吃辅食的时间一到就要自动坐上餐椅。

糖类是主要的热量来源

糖类主要的功能是供给身体所需要的能量，1克糖类可以产生16.8千焦热量。当身体中的糖类不够时，身体便会以蛋白质作为能量来源，而使得蛋白质无法进行促进身体生长发育、修补组织的功能，所以补充糖类可以节省蛋白质的消耗，让其发挥最主要的功能。另外，在脂类氧化的过程中，也必须有糖类的参与，脂类才能完全氧化。

此外，糖类中的葡萄糖是神经细胞能量的唯一来源，尤其是脑细胞特别不能缺少葡萄糖，不然会影响脑细胞的正常功能。宝宝从食物中摄取糖类，其会在体内分解为葡萄糖，这是身体及脑部活动的动力来源，因此补充含糖类食物，可以提高脑部活力。

含有糖类的食物种类很多，有土豆、面包、水果、白米、糙米、胚芽米、小麦、荞麦、燕麦、大麦、面条、馒头、麦片、红薯等，这些都可以让宝宝在不过敏的前提下，适量多样化地摄取。

秀珍菇汤粥

材料
泡好的白米 20 克
秀珍菇 20 克
高汤 120 毫升
上海青 15 克

做法
1. 白米磨碎；秀珍菇洗净，焯烫后剁碎；上海青洗净，磨碎。
2. 锅中放入白米和高汤熬煮成米粥后，加入秀珍菇和上海青煮熟即可。

小叮咛

7～9个月宝宝的辅食中还不能添加调味料，因此妈妈平日可以熬煮一些蔬菜、小鱼干等的高汤，加在宝宝辅食中，不但营养加分，也更加美味。

7 ~ 9 个月宝宝辅食喂养时间表

7 ~ 8 个月宝宝辅食喂养时间表

喂食时间 6:00	喂食时间 10:00	喂食时间 12:00	喂食时间 14:00	喂食时间 18:00	喂食时间 22:00
	 ＋ （想喝再喂）	 （可不喂）		 ＋ （想喝再喂）	

9 个月宝宝辅食喂养时间表

喂食时间 6:30	喂食时间 10:00	喂食时间 12:00	喂食时间 14:00	喂食时间 18:00	喂食时间 22:00
	 ＋ （想喝再喂）	 （可不喂）	 ＋ （想喝再喂）	 ＋ （想喝再喂）	

7～9个月宝宝
辅食软硬度

看得见颗粒的粥状食物

此时给予宝宝的辅食质地必须是半固体形态，主要是可以让宝宝直接利用上腭和舌头压碎食物，提升宝宝咀嚼的能力。这时期的辅食以粥状食物为主，建议从7倍的米粥（水与米的比例为7：1）、含有果粒的果汁或颗粒较粗的蔬菜泥等开始，慢慢给宝宝尝试，等宝宝习惯使用上腭和舌头压碎食物的咀嚼方式后，再慢慢增加辅食的浓稠度与颗粒大小。

喂食分量依宝宝需求

7～9个月宝宝吃辅食，主要是训练宝宝开始使用下腭和舌头来咀嚼，以提升宝宝咀嚼的能力，同时也能增加饱足感，减少宝宝喝奶的量。这个时期宝宝想吃多少辅食就给多少，不用特别限定宝宝吃的分量。一天可以固定喂食宝宝2餐辅食，如果宝宝每餐吃的分量很多，则可慢慢改为一天喂3餐辅食。

------ 7～9个月辅食软硬度 ------

| 米饭 | 红薯 | 鸡肉 | 胡萝卜 | 菠菜 | 苹果 |

7～9个月宝宝饮食宜忌

在宝宝7～9个月时，辅食可一天喂食2餐，辅食中可以添加的食材也变多了。妈妈在喂辅食时，同样要注意观察宝宝是否有过敏反应。

宝宝食欲不振的防治

一般情况下，宝宝每日每餐的进食量都是比较均匀的，但也可能出现某日或某餐进食量减少的现象。不可强迫孩子进食，但要给予充足的水分。

宝宝的食欲可受多种因素的影响，例如温度变化、环境变化、接触不熟悉的人，以及消化和排泄状况的改变等。短暂的食欲不振不是病兆，如连续两三天食量减少或拒食，并出现便秘、手心发热、口发干、呼吸变粗、精神不振、哭闹等现象，则应注意。待宝宝积食消除、消化通畅，便会很快恢复正常的食欲。如无好转，应去医院做进一步的检查治疗。

宝宝营养不良的表现

营养不良是由营养供应不足、不当或不良饮食习惯，以及精神、心理等因素所致。另外，因食物吸收利用障碍等引起的慢性疾病，也会引起营养不良。

宝宝营养不良的表现为体重减轻，皮下脂肪减少、变薄。轻者常烦躁哭闹，重者反应迟钝，消化功能失调，易出现便秘或腹泻等症状。症状轻者可通过调节饮食促其恢复，重者应送医院进行治疗。

不宜只让宝宝喝鱼汤和肉汤

宝宝长到七八个月时，就已经能吃一些鱼肉、肉末、肝末等食物，但不少爸妈仍只喂汤，不让吃肉。这样做主要是爸妈低估了孩子的消化能力，认为他还没有能力去咀嚼和消化食物。也有的爸妈认为汤的味道鲜美，营养都在汤里面。这些看法都是错误的，这样做只会限制宝宝摄取更多的营养。

用鱼、鸡或猪等动物性食物煨汤，确实有一些营养成分会溶解在汤内，但大部分的精华，像蛋白质、脂肪、无机盐都还留在肉内。肉类食物主要的营养成分是蛋白质，蛋白质遇热后会变性凝固，绝大部分都在肉里，只有少部分可溶性蛋白质溶解在汤里了。

适当的营养补给方法，应该是在补充肉类食物时，既让宝宝喝汤又要让其吃肉。鲜肉汤中的氨基酸可以刺激胃液分泌，增进食欲，帮助宝宝消化。而肉中的优质蛋白质，能促进生长发育，使宝宝免疫力增强，维持健康成长。

宝宝出牙期的保健

有些宝宝在5个月的时候就开始长乳牙了，也有些到6个月以后才开始长乳牙。

宝宝出牙时一般无特别不适，但有的会烦躁不安。此时，家长可以将自己的手指洗干净，帮宝宝按摩牙床。刚开始按摩时，宝宝会因为摩擦的疼痛而排斥，不过当他发现按摩使疼痛减轻了之后，很快会安静下来，并愿意让爸爸妈妈用手指帮他们按摩，有些宝宝还会主动抓住爸妈的手指咬住。个别宝宝在出牙期间可能还会出现突然哭闹不安、咬妈妈乳头、咬手指或用手在将要出牙的部位乱抓、口水增多等症状，这可能与牙龈轻度发炎有关。此时，父母要耐心护理，分散注意力，不要让他用手去抓牙龈。

宝宝出牙期间易出现腹泻等症状，这可能是出牙的反应，也可能是抗拒某种辅食的表现，可以先停止添加该食物，观察一段时间。平时可以给宝宝喂些蔬菜、水果条，这样不但有利于改掉其吮手指或奶嘴的不良习惯，还可使牙龈和牙齿得到良好的刺激，减少出牙带来的痛痒，对牙齿的萌出和牙齿功能的发挥都有好处。另外，进食一些点心或饼干也可促进宝宝牙齿的萌出和坚固，但同时也容易在口腔中残留渣滓，成为龋齿的诱因，因此在进食后，最好给宝宝喝些开水来代替刷牙。

7~9个月宝宝营养补给要点

这一阶段，母乳和奶类仍是宝宝的主食。经过前一阶段的辅食添加尝试，多数宝宝已经逐渐适应并接受泥状、糊状等食物，且食量日益增加，从一两汤匙到半小碗，甚至是一小碗，慢慢也能用辅食代替某一时间段的母乳或配方奶。

7个月大的宝宝每天进食的奶量总体不变。此时，大部分夜间能睡整夜而不必喂奶，因此，可以在白天分3~4次喂食母乳或配方奶。这阶段，宝宝乳牙开始萌出，咀嚼食物的能力逐渐增强，因此，辅食的品种可以更丰富一些。除了前一阶段添加的泥状、糊状等食物外，还可以喂一些米粥、鸡肉末、鱼肉末等。

宝宝8个月大的时候，妈妈母乳的分泌开始减少。而这个阶段，宝宝正处于身体的发育时期，需要大量的钙才能满足需要，因此，不应再把母乳或配方奶作为单一的主食来源。每天喂辅食的次数可以增加到2次，辅食次数和数量增加的同时，母乳或配方奶喂养的次数要相应减少到3~4次。此时，宝宝消化道内的消化酶已经可以充分消化蛋白质，因此，可以多添加一些含蛋白质丰富的辅食。

9个月的宝宝，已经可以和大人一样按时进食，每天吃早、中、晚三餐辅食。有的宝宝已经有3~4颗小牙，咀嚼能力又进一步提升，此时的辅食中可以适当添加一些相对较硬的食材，并注意辅食中营养物质的均衡。

宜吃的食材

红薯

红薯一定要蒸熟或煮熟再吃，因为红薯中的淀粉颗粒不经高温破坏，难以被人体消化。由于红薯中缺少蛋白质和脂类，因此要搭配蔬菜、水果及蛋白质食物一起吃，才不会导致营养失衡。

搭 | 配 | 宜 | 忌

宜

红薯+莲子
润肠通便

红薯+猪肉
补充膳食纤维

忌

红薯+鸡蛋
不消化

红薯+西红柿
易腹泻

➕ 主要营养素

膳食纤维、维生素C

红薯中含有大量的膳食纤维，能通便排毒，降低肠道疾病的发生。红薯中还富含维生素C，能提高免疫力，还能维持牙齿、骨骼的正常功能，促进钙、铁的吸收。

❗ 食用功效

红薯能供给人体大量的黏液蛋白、糖类、维生素A和维生素C，并且具有暖胃、和胃、宽肠通便功效。红薯中的膳食纤维能刺激肠道蠕动，预防便秘。另外，常吃红薯有助于维持体内正常叶酸水平。

❯❯ 选购保存

要选择外表干净、光滑、形状好、坚硬的红薯，发芽、表面凹凸不平的红薯不新鲜，不宜购买。红薯买回来后，可放在外面晒一天，使其保持干爽，然后放到阴凉通风处保存。

适合
7~9个月宝宝

什锦蔬菜粥

材料

白米粥 60 克
胡萝卜 10 克
红薯 10 克
南瓜 10 克

做法

1. 将红薯、胡萝卜和南瓜分别洗净、去皮、切块，蒸熟后磨成泥。
2. 锅中放入白米粥和胡萝卜泥、红薯泥、南瓜泥，煮滚后拌匀即可。

原味红薯粥

材料

白米粥 60 克
红薯 30 克

做法

1. 红薯洗净，蒸熟后去皮，捣成泥。
2. 锅中倒入适量的水和白米粥煮滚，再放入红薯泥，搅拌均匀，熬煮片刻即可。

适合
7~9个月宝宝

宜吃的食材
鸡肉

鸡肉的蛋白质含量较高，种类多，而且消化率高，常食能增强体力、强壮身体。另外，鸡肉含有对人体生长发育有重要作用的磷脂类。鸡肉对营养不良的宝宝也有食疗作用。

搭｜配｜宜｜忌

宜

鸡肉+花菜
益气、壮筋骨

鸡肉+金针菇
增强记忆力

忌

鸡肉+糯米
引起消化不良、胃胀

鸡肉+芹菜
易伤元气

➕ 主要营养素
蛋白质、维生素E

鸡肉内含有的蛋白质，是促进人体新陈代谢的重要物质，有利于骨骼和牙齿的健康生长。鸡肉中还含有大量的维生素E，能够保护皮肤免受紫外线和污染的伤害。

❗ 食用功效

鸡肉具有健脾胃、益五脏、补精添髓等功效，可以增强体力、强壮身体。冬季吃可以提高身体免疫力，还有助缓解感冒引起的鼻塞、咳嗽等症状。

➤ 选购保存

新鲜的鸡肉肉质紧密，颜色粉红且有光泽，鸡皮呈米色，并有光泽，毛囊凸出。灌过水的鸡，翅膀下一般有红针点或乌黑色，其皮层有打滑的现象。购买的鸡肉如一时吃不完，可将剩下的煮熟后再冷藏，且最好在3天内吃完。

适合
7~9个月宝宝

南瓜鸡肉粥

材料

白米粥 60 克
鸡胸肉 20 克
南瓜 20 克
高汤适量

做法

1. 鸡胸肉洗净，烫熟后剁碎；南瓜洗净后蒸熟，去籽和皮，捣成泥。
2. 锅中放入白米粥和高汤，煮滚后放入南瓜、鸡胸肉，煮至浓稠即可。

鸡肉白菜粥

材料

白米饭 30 克　　　鸡胸肉 20 克
大白菜 20 克　　　胡萝卜 10 克
芝麻少许　　　　　高汤适量

做法

1. 鸡肉煮熟，剁碎；芝麻磨碎；胡萝卜洗净、去皮，分别和大白菜焯烫后切碎。
2. 白米饭加入高汤熬煮成粥，再放入大白菜、胡萝卜、鸡胸肉、芝麻拌匀，略煮即可。

适合
7~9个月宝宝

宜吃的食材
包菜

包菜中含有非常丰富的维生素C，常吃可以增强宝宝体质。不过一次不宜购买太多，以免搁放几天后，其中的维生素C被大量破坏。

➕ 主要营养素

维生素C、叶酸

包菜中含有大量的维生素C，食用后能提高免疫力，预防感冒。其次，包菜含有丰富的叶酸，对贫血和胎儿畸形有预防作用，有助于生长发育。

❗ 食用功效

包菜中含有消炎杀菌的物质，对咽喉疼痛、外伤肿痛、蚊虫叮咬、皮肤过敏之类的症状都有食疗作用。吃包菜可增进食欲、促进消化、预防便秘。经常喂食包菜，对宝宝的骨骼和皮肤健康十分有益。

➡ 选购保存

在购买包菜的时候，用手掂量一下，比较扎实、有分量的为佳。生包菜买回后，不宜长时间存放，否则亚硝酸盐沉积，容易导致中毒。如果生的没有吃完，可用保鲜膜包好后放入冰箱冷藏，最多可放7天。

搭 | 配 | 宜 | 忌

宜

包菜+木耳
健胃补脑

包菜+西红柿
益气生津

忌

包菜+黄瓜
降低营养价值

包菜+动物肝脏
损失营养成分

适合
7~9个月宝宝

包菜素面

扫一扫!

材料

包菜叶 1/4 片
素面 20 克
海带 1 段

做法

1. 包菜叶洗净，切碎；海带洗净。

2. 锅中加 100 毫升水，放入海带熬煮成海带汤，捞出海带，只取清汤。

3. 汤中放入掰成小段的素面煮软，再加入包菜叶煮熟即可。

南瓜包菜粥

材料

白饭 30 克
南瓜 10 克
包菜 10 克

做法

1. 白饭加适量水熬煮成米粥。

2. 包菜洗净后磨成泥。

3. 南瓜去皮、去籽，蒸熟后磨成泥。

4. 在煮好的米粥里加入包菜泥和南瓜泥，再熬煮片刻即可。

适合
7~9个月宝宝

宜吃的食材

香菇

香菇所含成分基本是糖类和含氮化合物，以及少量无机盐和维生素等，而且香菇是有益肠胃的食物，所以适合给宝宝食用。但是，患有过敏性皮肤瘙痒症的宝宝忌食香菇。

搭｜配｜宜｜忌

宜

香菇+豆腐
健脾养胃

香菇+西兰花
滋补元气，润肺化痰

忌

香菇+河蟹
易引起结石症状

香菇+西红柿
降低营养价值

➕ 主要营养素

香菇多糖、维生素、矿物质

香菇中含有多种维生素、矿物质，能补充身体发育所需的多种营养元素，还能促进人体新陈代谢。

❗ 食用功效

香菇具有化痰理气、益胃和中等功效，对宝宝食欲不振、身体虚弱、便秘等有食疗作用。

➤➤ 选购保存

选购香菇以味道香浓，菇肉厚实，菇面平滑且稍带白霜，大小均匀，颜色为黄褐或黑褐色，菇褶紧实细白，菇柄短而粗壮，干燥，无黑点和发霉的为佳。干香菇应放在干燥、低温、避光、密封的环境中储存，新鲜的香菇要放在冰箱里冷藏。

适合
7~9个月宝宝

香菇白肉粥

扫一扫!

材料

白米粥 60 克
干香菇 2 朵
鸡胸肉 20 克
海带高汤 45 毫升
食用油适量

做法

1. 干香菇用水泡软后切碎。
2. 鸡胸肉汆烫后，取出切碎。
3. 热油锅，加入鸡胸肉、香菇翻炒，
再倒入白米粥和海带高汤，熬煮成浓
稠状即可。

香菇汤粥

材料

泡好的白米 15 克
鲜香菇 2 朵
海带高汤 90 毫升

做法

1. 白米磨碎；鲜香菇洗净，剁碎。
2. 锅中放入白米和海带高汤熬煮成米
粥，加入香菇末，煮熟即可。

适合
7~9个月宝宝

丝瓜能使皮肤变得光滑、细腻。但是丝瓜性凉，体质虚寒、有腹泻症状的宝宝不宜多食。另外，有脚气、虚胀的人，应该少吃丝瓜。

➕ 主要营养素

B族维生素、维生素C

丝瓜中含有丰富的B族维生素，能补充大脑发育所需的营养。丝瓜中维生素C的含量较高，可用于抗坏血病及预防各种维生素C缺乏症，还可以提高免疫力。

❗ 食用功效

丝瓜含铁丰富，能补充婴幼儿生长发育所需的铁质，具有预防并缓解缺铁性贫血的功效。

➡ 选购保存

选择瓜形完整、无虫蛀、无破损的新鲜丝瓜。丝瓜放置在阴凉通风处可保存1周左右。将未洗的丝瓜用报纸或塑料袋装好，袋上留几个小孔，平放在通风处，尽量不要层叠，可放3天左右。如果一次买多了，用报纸或塑料袋包好，放冰箱可冷藏7～10天。

搭 | 配 | 宜 | 忌

宜

丝瓜+鸡肉
清热利肠

丝瓜+鱼
增强免疫力

忌

丝瓜+芦荟
会引起腹痛、腹泻

丝瓜+冬瓜
过于寒凉

适合
7~9个月宝宝

丝瓜萝卜泥

材料

土豆 80 克
胡萝卜 5 克
丝瓜 15 克

做法

1. 土豆洗净、去皮，蒸熟后捣成泥状。
2. 胡萝卜、丝瓜洗净，去皮，切小丁。
3. 锅中加适量水煮滚，放入胡萝卜丁和丝瓜丁煮至软烂，再加入土豆泥拌匀即可。

丝瓜清粥

材料

白米粥 75 克
丝瓜 20 克

做法

1. 丝瓜洗净、去皮后，切小丁。
2. 锅中放入白米粥和适量的水，加热至滚。
3. 粥滚后，放入丝瓜丁一起熬煮，待丝瓜出水软烂后即可。

适合
7~9个月宝宝

宜吃的食材

桃 子

未成熟的桃子不能吃，否则会发生腹胀或生疖痈。即使是成熟的桃子，也不能吃得太多，太多会令人生热上火。此外，在食用前一定要将桃毛洗净，以免刺入皮肤，引起皮疹，或吸入呼吸道，引起咳嗽、咽喉刺痒等症状。

➕ 主要营养素

铁、果胶、糖

桃子中含有丰富的果胶质，这类物质进入大肠，能吸收大量水分，达到预防便秘的效果，因此，有便秘的宝宝可以适量食用。桃子的含铁量较高，常吃能够预防缺铁性贫血。

❗ 食用功效

桃肉中含有丰富的维生素C和维生素E，能增强体质，提高免疫力，此外，还含有丰富的矿物质。宝宝适量食用桃子，有助于维持骨骼的正常发育。

➡ 选购保存

选购时，以果实大，形状端正，色泽新鲜，果皮黄白色，顶端微红者为佳。桃子存放时要注意环境的通风干燥，不宜放到冰箱冷藏，否则味道易变差。

搭 | 配 | 宜 | 忌

宜

桃子+牛奶
滋润皮肤

桃子+柑橘
增强体力

忌

桃子+白萝卜
破坏维生素C

桃子+蟹
影响蛋白质的吸收

**适合
7~9个月宝宝**

苹果桃子泥

材料

桃子 50 克
苹果 50 克

做法

1. 桃子和苹果洗净，去皮、去核后，磨成泥。
2. 将桃子泥和苹果泥拌匀即可。

红薯炖桃子

材料

红薯 30 克
桃子 30 克

做法

1. 红薯洗净后，去皮、切小丁；桃子洗净后，去皮、核，切小丁。
2. 锅中放入红薯丁及桃子丁，加适量水熬煮至软烂即可。

**适合
7~9个月宝宝**

宜吃的食材
上 海 青

食用上海青时，要现做现切，并用大火爆炒，这样既可保持口感鲜脆，也不破坏其营养成分。熟上海青过夜后就不要再吃了，以免造成亚硝酸盐沉积，引起中毒。

➕ 主要营养素

钙、维生素C、纤维质

上海青是蔬菜中含钙质较多者，常食用能促进骨骼和牙齿的发育。上海青中还含有丰富的维生素C和纤维质，可增强免疫力，促进肠道蠕动，防治便秘。

❗ 食用功效

上海青可以提供人体所需矿物质、维生素，其中的维生素B_2尤为丰富，有抑制溃疡的作用。上海青还富含视黄醇，多食用可以保护眼睛、提高视力。

➠ 选购保存

要挑选新鲜、油亮、无虫、无黄萎叶的嫩上海青。用两指轻轻一掐即断者为嫩上海青，还要仔细观察菜叶的背面有无虫迹和药痕。上海青可用保鲜膜封好后，置于冰箱中保存一周左右。

搭 | 配 | 宜 | 忌

宜

上海青+虾仁
可促进钙吸收

上海青+豆腐
可增强免疫力

忌

上海青+黄瓜
会破坏维生素C

上海青+南瓜
会降低营养

78

适合
7～9个月宝宝

紫米上海青糊

材料

白米糊 30 克
紫米糊 30 克
上海青 20 克

做法

1. 上海青洗净，焯烫后切碎。
2. 锅中放入白米糊、紫米糊和适量水，煮滚后加入上海青，煮熟即可。

上海青橘汁米糊

材料

白米糊 60 克
橘子汁 30 毫升
上海青 10 克

做法

1. 上海青洗净，焯烫后磨碎。
2. 把磨碎后的上海青和橘子汁放入米糊中，用小火熬煮片刻。

适合
7～9个月宝宝

宜吃的食材
豆腐

豆腐营养丰富，口感绵软，很适合宝宝食用。但因其含有极丰富的蛋白质，一次食用过多不仅阻碍人体对铁的吸收，而且容易引起消化不良，出现腹胀、腹泻等不适症状，因此一次不宜多吃。

➕ 主要营养素

钙、蛋白质

豆腐中含有大量的钙，婴幼儿适量食用能够满足骨骼生长发育的需求。豆腐还富含优质蛋白，能促进新陈代谢，增强体质。

❗ 食用功效

豆腐能生津润燥、清热解毒、和脾胃，还可以保护肝脏、促进新陈代谢。除了能增加营养、帮助消化、增进食欲，其对牙齿、骨骼的生长发育也有益。另外，豆腐中含有丰富的大豆卵磷脂，有益于神经、血管、大脑的发育。

➡️ 选购保存

好的豆腐颜色呈均匀的乳白色或淡黄色，稍有光泽，块形完整，软硬适度，质地细嫩。豆腐买回后，应立刻浸泡于清水中，并置于冰箱中冷藏，烹调前再取出。

搭 | 配 | 宜 | 忌

宜

豆腐+鱼
补钙

豆腐+西红柿
补脾健胃

忌

豆腐+菠菜
影响钙吸收

豆腐+木耳菜
破坏营养素

适合
7~9个月宝宝

黄花鱼豆腐粥

材料

泡好的白米 15 克
黄花鱼 10 克
嫩豆腐 10 克
包菜 10 克

做法

1. 白米磨碎；包菜洗净，剁碎；黄花鱼烤熟后，去刺并磨细。
2. 锅中放白米和 90 毫升水煮成粥，再放黄花鱼、包菜和嫩豆腐煮熟即可。

胡萝卜豆腐泥

材料

白米糊 60 克
胡萝卜 20 克
嫩豆腐 50 克

做法

1. 胡萝卜洗净、去皮，切小丁。
2. 在锅内倒入白米糊、80 毫升水和胡萝卜丁炖煮，直到胡萝卜变软，再将嫩豆腐加进去捣碎，煮熟即可。

适合
7~9个月宝宝

宜吃的食材
西兰花

西兰花容易生虫，常有残留的农药，要格外重视清洗工作，吃之前可将西兰花放在盐水里浸泡数分钟。西兰花性凉，不可过量食用，体质偏寒的宝宝要少食。

➕ 主要营养素

维生素C、β-胡萝卜素

西兰花的维生素C含量极高，不但有利于生长发育，还能提高免疫力。西兰花中还含有β-胡萝卜素，对眼睛发育有好处。

❗ 食用功效

西兰花是一种营养价值非常高的蔬菜，含有蛋白质、糖、脂肪、矿物质、维生素和β-胡萝卜素等，具有爽喉、润肺功效，对咳嗽也有调理作用。

➤ 选购保存

选购西兰花时要挑选花球大，紧实，色泽好，花茎脆嫩的。保存时，可以用纸或透气膜包好西兰花，再在纸上喷少量的水，直立放入冰箱冷藏，可保鲜一周左右。

搭 | 配 | 宜 | 忌

宜

西兰花+金针菇
提高免疫力

西兰花+虾
补脾胃

忌

西兰花+牛奶
影响钙质的吸收

西兰花+山药
消化不良

适合
7~9个月宝宝

南瓜西兰花粥

材料

泡好的白米 20 克
南瓜 20 克
去壳南瓜籽 5 克
西兰花 5 克
海带高汤 120 毫升

做法

1. 白米磨碎；南瓜洗净，去皮和籽，蒸熟磨成泥；去壳南瓜籽剁碎；西兰花洗净，焯烫后取花蕾部分，剁碎。

2. 锅中放入白米和海带高汤熬成米粥，再加入其他所有材料煮滚即可。

虾仁西兰花粥

材料

泡好的白米 15 克　虾仁 3 只
西兰花 10 克　　　胡萝卜 10 克
海带高汤 90 毫升

做法

1. 白米磨碎；虾仁洗净，剁碎；西兰花洗净，焯烫后剁碎；胡萝卜洗净、去皮，剁碎。

2. 锅中放入白米和海带高汤熬煮成米粥，再加入西兰花、胡萝卜和虾仁煮熟即可。

适合
7~9个月宝宝

很多常见的食材营养丰富，看似也没有特别的禁忌，但其实并不适合7~9个月的宝宝食用。对这些食材，爸爸妈妈一定要了解清楚。

 蜂蜜

蜂蜜往往是肉毒杆菌的存留处和媒介物，小有毒性，未满周岁的宝宝抑菌能力很弱，食用蜂蜜容易导致中毒。

忌 醋

醋对肠胃有刺激作用，宝宝的胃肠道等消化系统还不够完善，受到刺激很容易出现腹泻等不良症状。

 糯米

糯米比较难消化，宝宝此时的消化功能并不健全，因此不宜食用。

忌 辣椒

宝宝消化器官还没有发育成熟，对于辛辣食物的耐受性差。而辣椒中含有的辣椒素很容易消耗肠道水分而使胃液分泌减少。

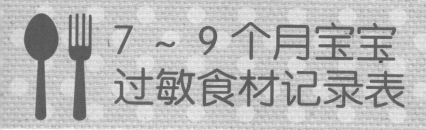

7～9个月宝宝
过敏食材记录表

7～9个月宝宝吃辅食已经有一段时间了，可以尝试的食材种类更加多样化，因此爸爸妈妈更要详细记录宝宝的过敏食物清单，才能更清楚宝宝的食物过敏原是哪些。

※7个月宝宝记录表范例

 记录时宝宝月龄：7个月，第1周　　○表示宝宝没有过敏反应
　　●表示宝宝有过敏反应

	星期一	星期二	星期三	星期四	星期五	星期六	星期日
早餐	○什锦蔬菜粥	○南瓜鸡肉粥	○什锦蔬菜粥	○南瓜鸡肉粥	○包菜素面	○香菇白肉粥	●金枪鱼南瓜粥
午餐	○包菜素面	○什锦蔬菜粥	●核桃白肉粥	○包菜素面	●海苔蟹肉粥	○包菜素面	○香菇白肉粥
晚餐	○母乳或配方奶	○母乳或配方奶	○母乳或配方奶	○母乳或配方奶	○母乳或配方奶	○母乳或配方奶	○母乳或配方奶

 记录时宝宝月龄：＿个月，第＿周　　○表示宝宝没有过敏反应
　　●表示宝宝有过敏反应

	星期一	星期二	星期三	星期四	星期五	星期六	星期日
早餐							
午餐							
晚餐							

7～9个月宝宝喂养Q&A

Q 宝宝不爱吃辅食怎么办?

A 首先,可以尝试减少宝宝的奶量,即使辅食吃得少,过一段时间习惯后,辅食的量就会增加了。最重要的是培养宝宝正确的饮食习惯,不能因为他吃得少,就分好几次喂,这样宝宝不能养成定时吃饭的习惯,而且吃饭时也不会专心。此外,妈妈如果因为宝宝辅食吃得少就多给母乳(配方奶),他以后就会认为"吃少了也有奶喝",这样反而更不爱吃辅食,所以就算宝宝辅食吃得少也不要再给他喝奶了,要以断奶为目的,来调整宝宝的饮食习惯。

Q 高敏食材都不让宝宝吃吗?

A 很多爸爸妈妈担心宝宝会过敏,许多食材都不让宝宝尝试,但不同食材有不同的营养素,即便是有过敏性皮肤的宝宝,也不要一开始就界定这个不能吃、那个不能吃,要看情况找出宝宝对哪些食材过敏,才不会导致宝宝摄取的营养不均衡。

Q 何时开始下一阶段的辅食?

A 一般来说,9个月大的宝宝不是用牙咀嚼食物,而是用牙龈跟舌头,这样能刺激牙龈,使乳牙长出来,就算他只有2颗牙,如果现在中期(7~9个月)辅食吃得很好的话,吃后期(10~12个月)辅食应该没问题。刚开始给孩子吃后期辅食时,可以加水或用汤匙磨碎一点,调节一下食物的颗粒大小和浓度,让宝宝慢慢适应。

Q 宝宝可以喝大人的汤吗?

A 现在还不能直接给宝宝吃大人的东西,不能因为宝宝喜欢就给他吃。宝宝在这个时期肾脏还未发育成熟,还不能代谢味道重的食物,尤其辣的与咸的,若是给宝宝喝大人的汤,对宝宝来说就太咸了,一定要加水稀释;或是在煮汤时,把要给宝宝喝的汤先盛出来,剩下的汤才加盐调味。此外,很多长辈喜欢给宝宝吃糖果、饼干等零食,这会增加宝宝肾脏的负担。

这个时期的宝宝因为咀嚼和消化功能的提升，可以吃的食物变多了，但也比较容易因为吃辅食而出现便秘、腹泻的情形，爸爸妈妈要小心照顾。

Q 宝宝便秘严重怎么办?

A 宝宝如果吃辅食引发便秘，可试着帮其添加维生素或纤维含量较多的果汁，如用黑枣、苹果以及西洋梨做成的汁，能刺激肠胃蠕动，预防便秘。另外，也可以试着用棉花棒沾点凡士林涂在其肛门周围，有一定润滑作用。当宝宝的便秘已经严重到无法通过上述方式改善，建议带到医院给专科医师检查，了解便秘的原因并针对宝宝状况，看是否需要以软便剂协助排便，不可自行买药通便。

Q 宝宝长牙期要注意什么?

A 宝宝在长牙阶段多少都会不舒服，如牙床红肿、口水流得较多或食欲下降。宝宝在长牙时还会有不安、焦虑、夜间哭泣的情绪反应与变化，也会比较喜欢咬玩具、手指，容易误食小东西。记得将小玩具放在抽屉、高处等宝宝不易拿到的地方，避免出现应噎到而窒息的情况。还可让他们咬较硬的蔬果，但要注意是否会有噎到的危险；较大的宝宝可准备一些较容易入口的食物。

Q 宝宝哭了就要抱吗?

A 宝宝哭的时候，爸爸妈妈要"观察、了解与回应"，即我们在宝宝哭的时候，应给予他们良好、正向的回馈，让他们实时感受到安全与爱，若采取忽略的态度，甚至故意不予理会，长期下来可能会对宝宝的脑部发育产生负面影响。爸爸妈妈要切记先观察宝宝的生理需求反应，再安抚宝宝的情绪，让亲子关系更紧密。

小叮咛

长乳牙时，宝宝牙床发痒，感觉不舒服，可使用固齿器给宝宝咬，不过记得必须每天消毒清洗。另外，用沾水的纱布轻轻擦拭牙床，也能缓解宝宝长牙期的不适。

记录宝宝的过敏
食物清单

——10~12个月宝宝不过敏饮食宜忌

对于以辅食为主、母乳（配方奶）为辅的10~12个月宝宝来

说，辅食已成为一天三餐的主食，正餐之间，可以给宝宝添加点

心、水果等，在12个月之后，宝宝睡前就可以不用喝奶。这时可以

开始让宝宝练习自己吃饭，养成用餐的好习惯。爸爸妈妈更应该和

宝宝一起吃饭，可以让宝宝吃得更开心。

记录宝宝的过敏食物清单

此时宝宝的消化功能更好了，咀嚼能力也大大提升，可以试着让宝宝尝试之前吃了会过敏的食材，如果发现吃了不再过敏，便可作为宝宝的安全食材。

尝试之前过敏的食材

比较容易诱发宝宝过敏的食材有柑橘类水果、芒果、小麦制品、蛋白、坚果类、花生和带壳海鲜等，但每个宝宝的过敏原不同，需要爸爸妈妈细心地观察和耐心地记录。宝宝10个月之后，肠胃功能更完善，许多容易引起过敏的食材，也较不会诱发宝宝的过敏反应了，因此可以让宝宝再次尝试之前吃了会过敏的食材，看看是否还会过敏。

这个时期所记录的宝宝过敏清单，比之前月龄还小时所记录的更为准确。很多食材如果宝宝吃了不再过敏，就可以列入安全食材范围，不要因为害怕宝宝过敏，就一直不敢给宝宝尝试多样食材。

喝白开水最健康

有些宝宝不爱喝水，爸爸妈妈就会在宝宝的水中加入葡萄糖，认为可以增加营养，又有宝宝喜欢的甜味，事实上宝宝真正能从中摄取到的营养，远低于他们每天喝的母乳或配方奶，而且这样做会养成宝宝偏食的习惯，也容易导致宝宝发胖，也可能会造成宝宝腹泻的情况发生。如果要让宝宝喝果汁补充水分的话，请使用新鲜水果制作果汁，无需另外加糖，天然的最好。

此外，有些爸爸妈妈会在宝宝发烧时，买运动饮料帮宝宝补充水分，但其实运动饮料的糖分多于电解质的含量，且不见得适合宝宝饮用。至于乳酸饮料，其成分大多还是以糖为主，糖吃多了对宝宝的身体并无好处，所以尽量还是让宝宝喝白开水最好。

用手抓取食物

爸爸妈妈要尊重宝宝想要自己动手的意愿，即使宝宝还没有办法控制自己的双手，经常吃得满桌满地，还是要让宝宝有自己用餐的机会，千万不要为了不让宝宝弄脏餐桌和衣服，而推迟宝宝学会自主用餐的时间。试着做些可以让宝宝直接用手拿的食物，慢慢训练宝宝自己用餐的能力。

宝宝用手抓食物的动作已非常熟练，且能进一步自己抓取圣女果等较小的食物或煮熟的蔬菜，并渐渐脱离过去用手握汤匙或叉子却只是想玩的习惯，并开始认真将餐具拿来使用，这时就可以让宝宝试着使用汤匙或叉子进食。但宝宝偶尔还是会出现用手抓食物的情形，毕竟一下子要他们习惯使用餐具较为困难，爸爸妈妈一定要有耐心。

鼓励宝宝自己进食

永远不要让宝宝进食发展成"战争"，这会让他们对进食这件事情产生反感和阴影，不要因为宝宝丢餐具而骂他，或是因为宝宝用满是食物的手去摸头发而生气。另外，爸爸妈妈还要学会喊停，如果宝宝真的心情不好、想睡觉、不愿意吃饭，那就不要勉强宝宝吃饭。因为勉强可能会造成他心中的阴影，变得不再愿意自己吃饭。

此外，大人吃饭都在看电视或玩手机的话，也会使得宝宝不专心吃饭。同时如果宝宝运动量不够，上一餐还没完全消化，紧接着就吃下一餐，他们也会吃不下。建议记录下宝宝每天饮食的总量，只要达到均衡营养以及正常分量即可，不用担心少吃了一餐会营养不良，没有孩子会饿到自己的肚子。当然在两餐之间尽量不要给宝宝饼干、饮料等，应将重点放在正餐上，并尝试不同的食材，给予宝宝良好正面的回应与鼓励，就能培养出宝宝良好的用餐习惯。

西兰花薯泥

材料
西兰花 30 克
土豆 50 克
猪肉末 10 克
食用油适量

做法
1. 西兰花洗净，煮熟后切碎；土豆洗净，蒸熟后去皮，压成泥。
2. 锅中加少许食用油烧热后，放入猪肉末炒熟，再加入土豆泥、碎西兰花翻炒均匀即可。

小叮咛

让宝宝练习自己吃饭，一开始不要用面条类的食物，或是不好入口的食材，否则宝宝很有可能因为一再失败，失去自己吃饭的耐性。

10 ~ 12 个月宝宝
辅食喂养的进度

宝宝10个月之后，咀嚼方式改变，开始会使用牙龈和牙齿来咀嚼。因此，给宝宝的辅食不再是半固体的状态，可以渐渐转为固体的食物。

调整宝宝用餐的时间

宝宝在10个月之后，通常已经长出了2颗以上的牙齿，这时候已经接近断奶后期，可以慢慢调整宝宝用餐的时间，尽量与大人吃饭的时间一致，让宝宝可以跟爸爸妈妈一起吃饭，不但可以增进亲子间的感情，也能让宝宝吃得更开心。

宝宝改为一天三餐之后，正餐之间可以给宝宝喝牛奶或吃一些点心，如果宝宝不喝睡前奶，半夜也不会饿醒时，就可以戒掉睡前奶，以减少睡前吃东西对肠胃造成的负担，更可以降低蛀牙的发生率。

后期辅食喂养的要点

1.咀嚼能力再提升

宝宝长出牙齿，开始会利用牙龈和牙齿来咀嚼食物，因此喜欢吃比较有口感的辅食，要准备一些可以让宝宝拿在手中啃食的水果片、米饼等。

2.过敏反应变少

这时期宝宝的消化功能提升，可以给

其尝试各种不同的食材，才能摄取更均衡的营养。

3.一天三餐辅食

这时宝宝可以跟大人一样一天吃三餐，和爸爸妈妈一起用餐，并戒掉睡前牛奶了。

4.练习使用餐具吃饭

这个阶段的宝宝喜欢自己做很多事，对许多事都有好奇心。爸爸妈妈可以帮宝宝准备汤匙和叉子，让宝宝练习自己使用餐具吃饭。虽然有时候宝宝会因为使用得不顺利而改用手抓，但只要多多练习几次，就能用餐具准确地将食物送进口中。

让宝宝练习自己吃饭

有些爸爸妈妈无法接受宝宝自己吃饭时，吃得身上、地板上全都是食物，但一直由爸爸妈妈来喂食，会发现宝宝越来越依赖，不再自己主动吃饭，爸爸妈妈的这些举动，可能会影响到宝宝独立自主地成长。

爸爸妈妈可以铺一块塑料布在宝宝的餐椅下，一开始先给一些宝宝饼干、水果片、小块红薯甚至全麦面包练习自己吃，这是一种很好的练习，让他们享有独立完成吃饭这件事情的成就感，更能增强其精细动作能力、咀嚼吞咽能力及感觉统合能力。

可添加少许油和盐

油脂是宝宝脑细胞成长重要的原料，但吃鱼类、肉类要避免过分的油腻，最好去掉脂肪与皮的部分。盐则可以采用岩盐或海盐，在食材里加盐比较不容易让宝宝胀气、便秘，食物泥也会变得更有风味、更好吃。但要注意一岁以内宝宝的辅食中尽量不要加盐。对于一岁以上的宝宝，在

使用盐调味的时候，不可以一次加太多，太多的盐会养成宝宝重口味的习惯，容易造成肾脏负担。

一般建议在2岁前不用刻意限制要少油，若是宝宝已经差不多周岁了，如果蔬果量摄入不足，又极度限制油脂的摄取的话，其实是很容易造成便秘的，所以在宝宝的辅食中添加适量的油脂是没问题的，不要过量就好。另外尽量不要让宝宝吃太多零食，市售零食大多高油、高钠，不利于宝宝的健康。除此之外，甜分高的精制加工类食物，像蛋糕、面包、甜点，也不能让宝宝食用过多，否则会影响宝宝吃正餐的胃口。

肉泥洋葱饼

材料
猪肉泥 20 克	面粉 50 克
洋葱末 10 克	葱末适量
盐适量	食用油适量

做法
1. 将猪肉泥、洋葱末、面粉、盐、葱末，加适量水拌匀成面糊。
2. 锅中放少许食用油烧热，用汤匙舀入面糊，整成小圆饼状，煎熟即可。

小叮咛

10个月之后，宝宝的辅食中可添加少许食用油，油可以使用较健康的橄榄油、葡萄籽油、亚麻仁油、椰子油等。

10 ～ 12 个月宝宝辅食喂养时间表

10 ～ 11 个月宝宝辅食喂养时间表

喂食时间 7:30	喂食时间 10:00	喂食时间 12:30	喂食时间 15:00	喂食时间 18:30	喂食时间 22:00

10:00（晚起不喂）

7:30（想喝再喂）

12:30（想喝再喂）

18:30（想喝再喂）

12 个月宝宝辅食喂养时间表

喂食时间 7:30	喂食时间 10:00	喂食时间 12:30	喂食时间 15:00	喂食时间 18:00

10:00（晚起不喂）

94

10 ～ 12 个月宝宝
辅食软硬度

从半固体到固体状食物

10个月之后，大部分宝宝都已经长牙，或是正在长牙，因此给宝宝吃的辅食，要慢慢从半固体的粥状食物变成固体的食物。可以慢慢减少食材中的水分，或改变食材的颗粒大小，让宝宝吃一些更有口感的食物，刺激牙龈，以利于乳牙的生长。如果宝宝能接受且很喜欢较为固体的食物，要记得多帮宝宝补充水分。

牛奶的需求量越来越少

10个月之后，宝宝已经以辅食为主、牛奶为辅，慢慢进入了断奶的结束期。这个时期的宝宝一天吃三餐辅食，一开始宝宝吃完辅食或许还会想喝奶，但渐渐地他们所需求的辅食分量增加了，吃完辅食的宝宝不再肚子饿，就不会想喝奶，再加上点心时间补充一些热量，到了1岁之后，宝宝除了3餐正餐之外，一般也能戒掉睡前奶了。

- - - - - - - - - (10 ～ 12 个月辅食软硬度) - - - - - - - - -

10～12 个月

12个月后

| 米饭 | 红薯 | 鸡肉 | 胡萝卜 | 菠菜 | 苹果 |

10～12个月宝宝饮食宜忌

小宝贝快满1岁了，身体各方面都有显著的变化，对于此阶段饮食，有什么需要注意的地方呢？爸爸妈妈快来仔细地了解一下吧！

培养良好的饮食习惯

培养良好的饮食习惯要从给宝宝添加辅食开始，不仅要训练规律地进食，创造安静的进食环境，还要在固定的地点进食。

如果宝宝拒绝吃饭，大人不要强迫他进食，在尊重宝宝的同时，了解其不愿意进食的原因。如果是因为吃太多零食，妈妈就要控制零食摄取量，在三餐之间不给任何零食。如果因为贪玩或被某一事物吸引而不愿意进食，可给予适当的惩罚。

10～12个月的宝宝颈部和背部的肌肉已经趋于成熟，能够稳坐在专属的宝宝座椅上，手和嘴的协调性也大有进步，已经具备自己进食的基本能力。此时，妈妈可以准备专属座椅和专用餐具，创造宝宝自己进食的环境，鼓励他自己拿餐具吃饭。

在宝宝自己进食的过程中，爸爸妈妈要有耐心，如果能够顺利完成，宝宝不仅能锻炼综合能力，还可以增强自信心。妈妈还可以邀请宝宝到餐桌上和家人共同进餐。

根据季节添加辅食

一年四季，气候各有不同，宝宝饮食也要根据季节的轮换，进行适当调整。

春季，气候由寒转暖，是传染病和咽喉疾病易发季节，宝宝饮食上宜清温平淡，主食选用白米、小米、红豆等，肉类可选牛肉、羊肉、鸡肉等，辅食不宜过多。春季蔬菜品种增多，除宜多选择绿叶蔬菜如小白菜、上海青、菠菜等外，还可多吃些萝卜。

夏季，气候炎热，宝宝体内水分蒸发较多，加之易食生冷食物，胃肠功能较差，此时不仅要注意饮食卫生，而且要少食油腻食物，可多吃瘦肉、鱼类、豆制品、优酪乳等高蛋白食物，还可多食新鲜蔬菜和瓜果。

秋季，气候干燥，也是瓜果旺季，宜食生津食物，可准备梨，以防秋燥。还要注意食物品种多样化，不要过量食用生冷的食物。

冬季，气候寒冷，膳食要有足够的热能，可多食些海带、紫菜等产热食物，避免食用西瓜等寒凉食物。

如何应对宝宝挑食和厌食？

1.丰富食物种类

准备辅食的时候，应经常变换食物的种类和口味。不同颜色和口味的辅食，能够从视觉和味觉上引起宝宝的兴趣。每餐食物以2～3种为宜，这样不仅能满足宝宝生长发育对营养的需求，还有益消化和吸收。

2.给予鼓励和表扬

爸妈的夸奖不仅可以激励宝宝下一次吃饭时能够表现好，还能培养他的自信心。当宝宝在饭桌上有不错的表现时，妈妈一定要立即赞美。

3.父母要做好榜样

偏食通常不是天生的，很多婴幼儿偏食是因受到家人不良饮食习惯的影响。要培养不挑食的饮食习惯，大人首先不要挑食，要在饭桌上树立好的榜样。

4.控制零食摄取量

吃饭前要控制好零食摄取量，特别是在饭前1个小时内。因为零食吃多了，会影响正餐时的食欲。虽然控制饭前的零食很重要，但并不是说要完全禁止吃零食。在正常饮食之间添加零食喂养的婴幼儿，会比只吃正餐的婴幼儿，在营养方面来得更均衡一些。妈妈需要正确地引导零食时间、控制零食的摄取量、制订合适的零食方案。

10～12个月宝宝营养补给要点

10～12个月的婴幼儿，已经有了5～6颗乳牙，咀嚼能力进一步提升。在学会咀嚼食物、用牙龈磨碎食物的前提下，辅食可由原来每天2次增加到3次。此时，要注意控制宝宝进餐时间，以培养良好的饮食习惯，如进餐时间以20～30分钟为宜，坐在儿童餐椅上，和大人一同吃饭等。

在此期间，妈妈要注意营养平衡，在制作辅食时，要维持蛋白质和热量的供应，蔬菜和水果以及荤素的均衡搭配，并密切关注宝宝有无偏食的倾向。由于此时宝宝的个体差异性已经愈来愈明显，在食物制作和进食量上需要根据实际情况进行调整，爸妈切忌与其他孩子进行比较。

9个月后是宝宝建立进餐规律的阶段，规律地进食将会慢慢替代乳品的给予。经过几个月的辅食添加训练，宝宝能吃的食物范围扩大。如果辅食添加正常，10～12个月大的宝宝，每天还应保持饮奶300～500毫升，以满足生长发育的需要。另外，很多妈妈担心宝宝的心脏、肾脏功能发育不完善，不敢让他品尝咸、酸、甜的食物，实际上，偶尔的味觉刺激能够增进食欲。

甜椒

甜椒富含维生素，且颜色鲜艳，可添加在辅食中给宝宝食用，有利于消化和肠胃吸收。

➕ 主要营养素

维生素C、β-胡萝卜素

甜椒中含有大量的维生素C，能够促进骨骼和牙齿的健康生长，还可帮助提升免疫力，促进对铁的吸收。其中的β-胡萝卜素还有益于眼睛的发育。

❗ 食用功效

甜椒是非常适合生吃的蔬菜，所含丰富的维生素C、B族维生素及β-胡萝卜素为强抗氧化剂，对牙龈出血、免疫力低下等都有一定功效。甜椒还能消除便秘，受便秘困扰的婴幼儿，可以适当多食。

➡ 选购保存

选购时，要以果实硕大、皮薄肉厚、果形端正、无损伤、无腐烂、无虫害的为佳，颜色要鲜艳饱满。保存甜椒，可先用报纸包紧，装入塑料袋中，再放入冰箱保存，但也不宜久放，须在2周内吃完。

搭｜配｜宜｜忌

宜

甜椒+白菜
帮助消化

甜椒+胡萝卜
抗氧化

忌

甜椒+葵花籽
妨碍维生素E的吸收

甜椒+香菜
降低营养价值

适合
10～12个月宝宝

甜椒蔬菜饭

材料

白米饭 20 克
包菜 10 克
甜椒 5 克

扫一扫！

做法

1. 将包菜和甜椒洗净，切碎。

2. 锅中放入白米饭、包菜和 60 毫升水一同熬煮，煮滚后，转小火炖煮。

3. 煮至水分快收干时，放入甜椒，稍煮片刻，再盖上锅盖焖一下即可。

海带蔬菜饭

材料

白米饭 50 克　　海带 5 克
白萝卜 20 克　　甜椒 5 克
胡萝卜 10 克　　太白粉水 2 毫升
食用油适量　　　高汤 45 毫升

做法

1. 所有食材洗净，分别处理后切碎。

2. 锅中放少许食用油烧热，加入所有切碎的食材炒至熟软，再加入白米饭和高汤煮滚，起锅前用太白粉水勾芡即可。

适合
10～12个月宝宝

宜吃的食材

白萝卜

白萝卜性偏寒凉而利肠，脾虚腹泻者应慎食或少食。白萝卜略带辛辣味，所以婴幼儿食用时，应以熟食为佳。在服用参类滋补药时，应忌食白萝卜，以免影响疗效。

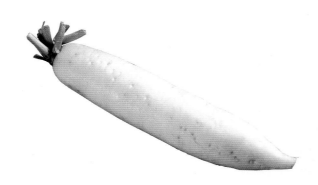

➕ 主要营养素

维生素C、淀粉酶

白萝卜含丰富的维生素C和微量元素锌，有助于增强免疫力，提高抗病能力。白萝卜中的淀粉酶能分解食物中的淀粉、脂肪，还可以促进消化，改善消化不良。

❗ 食用功效

白萝卜能化痰清热，对痰咳失音、痢疾、排尿不利等症有食疗作用。白萝卜能促进胃肠蠕动，增加食欲，对食欲不振、消化不良的婴幼儿有食用功效。

搭｜配｜宜｜忌

宜

白萝卜+金针菇
益智健脑

白萝卜+豆腐
健脾养胃

忌

白萝卜+黄瓜
破坏维生素C

白萝卜+木耳
易引发皮炎

➤ 选购保存

应选择个体大小均匀、根形圆整、表皮光滑的白萝卜。白萝卜最好能在阴凉通风处晾一个晚上，等表皮干燥后，装进密封袋中存放。如果是已经切开的萝卜，可包好保鲜膜后，再放入冰箱。

扫一扫!

适合
10～12个月宝宝

黑豆蔬菜粥

材料

白米饭 45 克
黑豆 5 颗　　　白萝卜 10 克
香菇 1 朵　　　海带高汤适量
胡萝卜 10 克　　食用油 5 毫升

做法

1. 黑豆煮熟后剁碎。
2. 香菇、白萝卜、胡萝卜烫熟后剁碎。
3. 锅中加食用油烧热，放入黑豆、香菇、白萝卜、胡萝卜炒香，再加入海带高汤和白米饭煮滚即可。

牡蛎萝卜粥

材料

白米饭 50 克　　　牡蛎 20 克
小白菜 10 克　　　白萝卜 10 克
海带高汤 90 毫升

做法

1. 牡蛎在盐水中洗净，汆烫后剁碎；小白菜洗净，切成 5 毫米大小；白萝卜洗净、去皮，切成小丁状。
2. 锅中放入白米饭和海带高汤煮滚后，加入剩余食材煮至熟软即可。

适合
10～12个月宝宝

101

宜吃的食材

红豆

红豆具有利水、解毒功效。夏季人体容易受热毒影响，爸爸妈妈可以煮一些红豆汤给宝宝食用，既能补充所需的水分，还能缓解大小便不利的症状。红豆难熟，一定要煮至软烂再给宝宝食用。

➕ 主要营养素

膳食纤维、糖类、维生素E、铁、锌

红豆含有丰富的膳食纤维，可以促进排便，防治便秘。红豆中还含有大量的糖类、维生素E、铁、锌等营养素，能够补充身体所需的营养，提高免疫力。

❗ 食用功效

红豆营养丰富，含有丰富的蛋白质、脂肪、糖类等多种人体所需的营养元素，具有止泄、消肿、健脾养胃、清热利尿等功效，还能增进食欲，提升胃肠道的消化和吸收能力，具有良好的润肠通便功效。

➤ 选购保存

以豆粒完整、大小均匀、颜色深红、紧实皮薄的红豆为佳。将拣去杂物的红豆摊开晒干，装入塑料袋，扎紧袋口，存放于干燥阴凉处。

搭｜配｜宜｜忌

宜

红豆+南瓜
润肤、止咳

红豆+白米
益脾胃

忌

红豆+羊肚
可致水肿、腹痛、腹泻

红豆+盐
降低红豆的功效

适合
10~12个月宝宝

红豆南瓜粥

扫一扫!

材料

糯米、白米粥 75 克
红豆 10 克
南瓜 20 克
板栗 1 颗

做法

1. 红豆洗净，放入滚水中煮熟后磨碎。

2. 板栗煮熟后切小丁；南瓜蒸熟后去皮，压成泥。

3. 锅中放入糯米、白米粥和水煮滚后，再放入板栗、红豆和南瓜，稍煮片刻即可。

糯米红薯粥

材料

泡好的糯米 20 克
红豆 10 克
板栗 1 颗
红薯 20 克

做法

1. 糯米磨碎；红豆洗净，煮熟后磨碎，用筛网过滤；板栗和红薯洗净，煮熟后去皮，切成 5 毫米大小。

2. 锅中放入所有食材，加 80 毫升水煮熟即可。

适合
10~12个月宝宝

豌豆

豌豆适合与富含氨基酸的食物一起烹调，可以明显提高豌豆的营养价值。豌豆多食会腹胀，故不宜长期大量食用。

➕ 主要营养素

蛋白质、粗纤维

豌豆中富含人体所需的各种营养物质，其中的优质蛋白质可以提高抗病能力和康复能力。豌豆还富含粗纤维，能促进大肠蠕动，起到清洁肠道、防治便秘的作用。

❗ 食用功效

豌豆具有益中气、止泻痢、利小便、消痈肿等功效，还可缓解脾胃不适、呕吐、心腹胀痛等症。豌豆含有丰富的维生素A原，其可在体内转化为维生素A，具有润泽皮肤的作用。

➡ 选购保存

豌豆以色泽嫩绿、柔软、颗粒饱满、未浸水的为佳。如果是去壳的豌豆仁，可用保鲜盒装好，放入冰箱保存就行了。若是带壳的豌豆，可直接用塑料袋装好，放入冰箱保存。

搭 | 配 | 宜 | 忌

宜

豌豆+蘑菇
促进食欲

豌豆+玉米
蛋白质互补

忌

豌豆+牡蛎
影响锌的吸收

豌豆+醋
引起消化不良

适合
10～12个月宝宝

鸡肉酱包菜

扫一扫!

材料

鸡胸肉 50 克　　包菜 10 克
胡萝卜 10 克　　豌豆 5 颗
高汤 200 毫升　　太白粉水 5 毫升

做法

1. 鸡胸肉煮熟，剁碎。

2. 包菜洗净，切细丝；胡萝卜去皮，切小丁；豌豆煮熟，去皮后压碎。

3. 锅中放进高汤、水、包菜、胡萝卜、豌豆煮滚，再放入鸡胸肉，最后用太白粉水勾芡即可。

豌豆鸡肉粥

材料

白米饭 40 克　　鸡胸肉 15 克
豌豆 5 颗　　菠菜 10 克
胡萝卜 10 克　　高汤 90 毫升
食用油适量

做法

1. 鸡胸肉洗净，煮熟后切成 5 毫米大小；胡萝卜洗净、去皮，剁碎；菠菜和豌豆分别洗净，焯烫后剁碎。

2. 锅中放食用油烧热，放入切好的食材炒匀，再加入白米饭和高汤煮滚即可。

适合
10～12个月宝宝

紫菜

紫菜富含易被人体吸收的碘，有利于大脑发育，但不宜过量食用。另外，由于紫菜不易消化，9个月以下的婴幼儿最好不要食用。紫菜性寒，体质虚寒的婴幼儿也不宜食用。

➕ 主要营养素

钙、铁、糖类

紫菜中富含钙、铁，可补充身体所需营养，增强免疫力，预防缺铁性贫血。紫菜含有的糖类，能为人体提供热量，且有保肝解毒的作用。

❗ 食用功效

紫菜含有的甘露醇是一种利尿剂，可消水肿，有利于保护肝脏。紫菜含有较多的碘，可以治甲状腺肿大，又可使头发润泽。

❯❯ 选购保存

宜选购色泽紫红、无泥沙杂质、干燥的紫菜。若紫菜用水浸泡后，浸泡的水呈蓝紫色，说明紫菜曾被染色，成分不纯，不宜食用。紫菜极易受潮变质，打开后应用密封袋包好，置于低温干燥处或放入冰箱保存。

搭 | 配 | 宜 | 忌

宜

紫菜+猪肉
化痰软坚、滋阴润燥

紫菜+鸡蛋
补充维生素B_{12}和钙质

忌

紫菜+花菜
会影响钙的吸收

紫菜+柿子
不利于消化

适合
10～12个月宝宝

紫菜小鱼粥

材料

白米粥 150 克　　　紫菜 10 克
芋头 10 克　　　　丁香鱼 20 克
绿色蔬菜 20 克

做法

1. 紫菜撕成小片；绿色蔬菜洗净，切碎；丁香鱼洗净，切碎；芋头洗净、去皮，蒸熟后压成泥。

2. 锅中放入白米粥加热后，加入所有食材煮至熟软即可。

紫菜拌稀饭

材料

白米饭 40 克　　　紫菜 15 克
胡萝卜 10 克　　　丁香鱼 5 克
高汤 90 毫升

做法

1. 紫菜烘烤后，切成碎片；胡萝卜洗净、去皮，焯烫后剁碎；丁香鱼洗净后切碎。

2. 锅中放入白米饭和高汤煮滚后，加入所有食材煮至熟软即可。

适合
10～12个月宝宝

宜吃的食材
山药

山药宜去皮食用，以免产生麻、刺等异常口感。山药有收涩的作用，大便燥结者不宜食用。

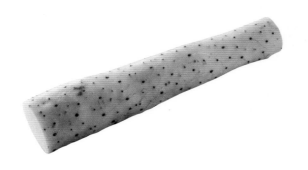

➕ 主要营养素

淀粉酶、蛋白质

山药含有淀粉酶、多酚氧化酶等物质，有利于增强人体消化吸收功能。山药中的蛋白质形成酶系统，可维持人体正常的消化功能，同时能帮助提高免疫力。

❗ 食用功效

山药具有健脾益胃、聪耳明目功效，对婴幼儿食欲不振、脾胃虚弱、饮食减少、便溏腹泻、倦怠无力、皮肤赤肿等症状也有食疗作用。

➡ 选购保存

好的山药洁净、无畸形或分枝，没有腐烂和虫害，切口处有黏液。尚未切开的山药，可放在阴凉通风处保存。切开了的山药，则可在切面盖上湿布保湿，放入冰箱的冷藏室保鲜。

搭｜配｜宜｜忌

宜

山药+玉米
增强免疫力

山药+胡萝卜
补气

忌

山药+黄瓜
降低营养价值

山药+南瓜
影响维生素C吸收

适合
10～12个月宝宝

山药粥

材料

白米 50 克　　　山药 30 克
虾 1 只　　　　葱花少许
海带高汤 90 毫升

做法

1. 白米洗净，浸泡 1 小时；山药去皮、洗净，切小块；虾去壳、去肠泥，洗净后切小丁。

2. 锅中放入白米和海带高汤熬煮成粥，再加入所有食材煮至熟软即可。

燕麦山药粥

材料

白米粥 75 克　　　燕麦片 8 克
秀珍菇 30 克　　　山药 30 克

做法

1. 秀珍菇洗净，烫熟后切碎；山药去皮、洗净，烫熟后切小丁。

2. 锅中放入白米粥和燕麦片，搅拌均匀后煮滚，最后加入山药和秀珍菇拌匀即可。

适合
10～12个月宝宝

宜吃的食材

紫米

紫米淘洗次数过多会导致其营养成分流失，所以洗净即可。紫米需要长时间熬煮至熟烂，未煮熟的紫米不能食用，易引起急性胃肠炎。紫米外有一层坚韧的种皮，不易煮烂，建议煮前将紫米洗净，再用清水浸泡数小时。

➕ 主要营养素

无机盐、维生素C

紫米中无机盐含量比白米高出13倍，这对骨骼和牙齿的发育都很重要。紫米含有丰富的膳食纤维，可促进肠胃蠕动。

❗ 食用功效

紫米具有健脾开胃、益气强身、补肝益肾等功效。同时，紫米中还含有B族维生素、蛋白质等，对于感冒、咳嗽都有食疗保健作用。紫米还可以辅助治疗贫血、头昏等。

➡️ 选购保存

好的紫米有光泽，米粒大小均匀，不含杂质，气味清香，挑选时用手搓，如果掉色，则不是优质的紫米。保存时，用木质有盖容器装盛，置于阴凉、干燥、通风处。

搭 ｜ 配 ｜ 宜 ｜ 忌

宜

紫米+牛奶
益气补血、健脾胃

紫米+红豆
可气血双补

忌

紫米+米酒
过于燥热

紫米+黄豆
不易消化

适合
10~12个月宝宝

紫米黑豆粥

材料

泡好的白米 5 克　　泡好的紫米 5 克
泡好的糙米 5 克　　南瓜 20 克
黑豆 5 颗

做法

1. 南瓜洗净，去皮和籽，切碎；黑豆洗净，烫熟后磨碎。

2. 把白米、糙米和紫米磨碎，加 100 毫升水熬成米粥，再加入南瓜和黑豆，煮熟即可。

红薯紫米糊

材料

紫米糊 60 克
红薯 10 克

做法

1. 红薯洗净、去皮，蒸熟后磨成泥。

2. 锅中放入紫米糊和适量水，煮滚后加入红薯泥，搅拌均匀即可。

适合
10~12个月宝宝

蛤蜊

蛤蜊含有蛋白质、脂肪、碳水化合物、铁、钙、磷、碘、维生素等多种成分。但由于蛤蜊性寒，不宜过量食用，特别是脾胃虚寒的婴幼儿，应少食或忌食。

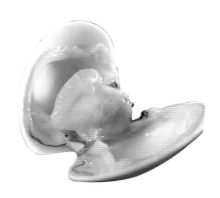

⊕ 主要营养素

蛋白质、钙

蛤蜊营养价值丰富，具有低热能、高蛋白、少脂肪的特点。蛤蜊中还含有较为丰富的钙，可促进骨骼和牙齿发育。

❶ 食用功效

蛤蜊有软坚、化痰的作用，可滋阴润燥，能用于五脏阴虚、干咳、失眠、目干等症的调理和治疗。蛤蜊含蛋白质多而含脂肪少，因此，也适合有营养过剩倾向的婴幼儿适量食用。

❯❯ 选购保存

挑选时，可用左手先拿住一个蛤蜊，再用右手拿另一个蛤蜊，一个一个敲敲看，敲出的声音若是结实，表示新鲜，声音若是虚的或有点沙哑，不管它的口闭得多紧，还是死蛤蜊。买回来的蛤蜊要放入盐水中，让其吐沙后再放入冰箱冷藏。

搭 | 配 | 宜 | 忌

宜

蛤蜊+豆腐
补气养血

蛤蜊+冬瓜
清热解暑、利水消肿

忌

蛤蜊+黄豆
会破坏维生素B_1

蛤蜊+柑橘
会引起中毒

适合
10～12个月宝宝

蛤蜊汤

材料

蛤蜊 50 克
姜丝 5 克
盐少许

做法

1. 蛤蜊泡在盐水中，静置 1 个小时吐沙后，洗净备用。

2. 锅中放进适量水，煮滚后再放入蛤蜊和姜丝，煮熟后捞起姜丝即可。

芥菜蛤蜊粥

材料

白米饭 20 克
芥菜 30 克
蛤蜊肉 20 克
味噌 2 克

做法

1. 芥菜洗净，切碎；蛤蜊肉烫熟后切碎；味噌加少许水调匀。

2. 锅中放入水和白米饭，熬煮成白米粥，再加入芥菜和蛤蜊肉，煮至熟软后，加入调匀的味噌即可。

适合
10～12个月宝宝

板 栗

板栗是一种富有营养的滋补食物。但是板栗生吃过多，会难以消化，熟食过多，则会阻滞肠胃，所以不可过多进食。

➕ 主要营养素

维生素C、锌、钾、铁

板栗营养丰富，其维生素C的含量尤其高，是苹果的数十倍。板栗中还含有锌、钾、铁等多种矿物质，能满足身体发育的多种需求。适当地食用一些板栗，还可以提高幼儿的免疫力。

❗ 食用功效

板栗含有大量的淀粉、蛋白质、脂肪、维生素等多种营养元素，具有健脾养胃、补肾强筋的功效。婴幼儿适当吃些板栗，能补充钙、钾、磷等矿物质，还能滋补身体。板栗还可以防治日久难愈的幼儿口舌生疮。

➡ 选购保存

选购板栗要先看颜色，外壳鲜红，带褐、紫、赭等色，颗粒光泽的，品质一般较好。板栗风干或晒干后，连壳保存比较方便，放干燥处可防发霉变质。

搭 ┃ 配 ┃ 宜 ┃ 忌

宜

板栗+白米
健脾补肾

板栗+牛肉
补肾虚、益脾胃

忌

板栗+杏仁
易引起腹胀

板栗+羊肉
不易消化，易引起呕吐

适合
10～12个月宝宝

红薯板栗饭

材料

白米饭 40 克　　　红薯 15 克
胡萝卜 10 克　　　板栗 1 颗
黑芝麻 2 克　　　　食用油适量

做法

1. 红薯和胡萝卜洗净、去皮，切成丝状；煮熟的板栗切成 7 毫米大小。

2. 锅中放食用油烧热，放入红薯、胡萝卜、板栗炒熟后，加入白米饭和水煮滚，最后撒上黑芝麻拌匀即可。

板栗黑豆粥

材料

白米饭 20 克　　　黑豆 5 克
板栗 10 克　　　　南瓜 20 克

做法

1. 板栗去壳，洗净剁碎；南瓜洗净，去皮和籽，切丁；黑豆洗净，泡水 30 分钟。

2. 锅中放入白米饭、黑豆和适量水一起熬煮，煮滚后加入板栗和南瓜，煮熟即可。

适合
10～12个月宝宝

10～12个月宝宝忌吃的食材

这个时期的宝宝虽然可以吃的东西种类繁多，但一些加工制品中含有过多的盐分及糖分，不适合宝宝食用，在选择食材时要多加注意。

 肥肉

幼儿过量摄取肥肉，易导致消化不良、腹泻等。高脂肪饮食还会影响钙质的吸收。

忌 花椒

婴幼儿的味觉很敏感，且处于发育阶段，而花椒的味道太重，食用过多易造成宝宝口味偏重，不利于味蕾的发育。

 运动饮料

婴幼儿的身体发育还不完整，代谢和排泄功能尚不健全，过多的电解质易使其肝、肾功能受到损害。

忌 咸鱼

咸鱼中含有大量的二甲基亚硝盐，这种物质进入人体后，会转化为致癌性很强的二甲基亚硝胺，对健康造成极大危害。

10 ~ 12 个月宝宝
过敏食材记录表

　　宝宝 10 个月之后，已经可以一天吃 3 餐辅食，对母乳或配方奶的需求也越来越少，慢慢进入了断奶的结束期。此时可以将宝宝之前吃了会过敏的食物，再次让宝宝尝试。

※11个月宝宝记录表范例

记录时宝宝月龄：11 个月，第 2 周

○表示宝宝没有过敏反应
●表示宝宝有过敏反应

	星期一	星期二	星期三	星期四	星期五	星期六	星期日
早餐	○南瓜煎	○豌豆鸡肉粥	○金枪鱼饭团	○海苔拌稀饭	○鲜虾花菜	○肉泥洋葱饼	●鸡蛋水果饼
午餐	○豌豆鸡肉粥	○鲷鱼蔬菜饭	○玉米排骨粥	○嫩豆腐稀饭	●鱼肉拌茄泥	○鲜虾花菜	○肉泥洋葱饼
晚餐	○鲷鱼蔬菜饭	●芝士酱豆腐	○海苔拌稀饭	○玉米排骨粥	○肉泥洋葱饼	○菠菜意大利面	○三色饭团

记录时宝宝月龄：__个月，第__周

○表示宝宝没有过敏反应
●表示宝宝有过敏反应

	星期一	星期二	星期三	星期四	星期五	星期六	星期日
早餐							
午餐							
晚餐							

10～12个月宝宝喂养Q&A

Q 宝宝不好好吃饭怎么办？

A 这个时期宝宝应该要养成良好的吃饭习惯，最好在30～60分钟吃完，超过时间就把食物收起来。如果宝宝没有把辅食吃完，两餐中间就不要让宝宝吃任何点心，要不然宝宝吃了点心后，下一餐的辅食又吃不完。这个时期宝宝会想要自己拿汤匙吃饭，这样虽然可能会把餐桌弄脏，但还是要放手让他练习自己吃饭，用鼓励的态度让宝宝爱上自己吃饭，不要斥责宝宝，否则很可能会影响宝宝想要自己吃饭的意愿。

Q 葡萄糖能补充营养吗？

A 有些爸爸妈妈会在宝宝的水中加入葡萄糖增加营养，但事实上这么做对宝宝的发育及成长一点帮助都没有，这样给予甚至会养成宝宝嗜吃甜食的偏食习惯，也容易导致宝宝发胖。另外葡萄糖渗透压太高，也可能会造成宝宝发生腹泻的情况。

Q 宝宝能吃冷冻蔬菜吗？

A 很多爸爸妈妈会有一个误识，就是让宝宝吃冷冻过的食材，一定不比新鲜食材营养健康。但其实有些冷冻蔬菜反而比新鲜蔬菜健康与新鲜，这是为什么呢？因为蔬果从土壤中拔起来或从树上摘下来的那一刻，其维生素或抗氧化物就会开始不断流失，而用急速冷冻的保存方式能锁住营养素。一般来说，在制作冷冻蔬菜的过程中，通常选用的都是那些正值成熟高峰期的种类，因为成熟的蔬果含有较多的营养成分，价值更高。

Q 宝宝能吃点心吗？

A 宝宝如果三餐食量正常，给他吃一些点心没关系。但是要注意，如果在饭前给宝宝吃甜食的话，可能会影响其正餐的食量。尽量让宝宝吃新鲜水果，也可以给宝宝吃一些专门给宝宝吃的饼干，其甜味、咸味会比大人吃的低许多。

虽然宝宝已经开始学着走路，但此时走路的姿势尚不稳定，会经常摔倒或发生碰撞，且行动范围也从室内扩大到了室外，因此需要格外注意宝宝的安全问题。

Q 宝宝睡觉能使用蚊香吗?

A 尽量不要整夜使用蚊香，从蚊香片中散发出来的杀虫成分在密闭的空间内会对宝宝产生不良影响，导致熟睡中的宝宝出现暂时性麻痹、头痛、呕吐等症状。因此，注意不要将蚊香放在宝宝头部附近和脚边，应该置于窗台或门口，这样杀虫成分散发得快，室内通风也比较好。另外，考虑到蚊子夜间低飞的习性，将蚊香放在较低的位置效果会更好。

Q 宝宝什么时候才会走路?

A 大部分宝宝从11个月开始，就能扶着物体蹒跚学步。发育快的宝宝在周岁左右，就可以熟练地行走。宝宝的成长速度因人而异，有些宝宝周岁之前就会走路，也有些宝宝在周岁之后依然在爬行。从爬行到蹒跚学步的阶段，宝宝在脑袋大小、运动神经、肌肉发育以及性格等方面都存在着明显的个体差异，即使是学步较迟，只要宝宝其他方面发育正常，就不必担心。

Q 宝宝患鹅口疮怎么办?

A 宝宝喜欢把爬行时触摸地面的手，或者其他物品放在嘴里吮吸，这会导致其出现患鹅口疮的可能。妈妈每周要对宝宝经常拿在手中玩的玩具进行一次消毒，至于咬着玩的玩具，则每天都要仔细刷洗干净。

小叮咛

11个月之后，宝宝手指的感觉异常发达，抓握的动作更加熟练，会把锅盖、盘子等周围的所有物品都当作玩具，因此家中用品的摆放要更加小心，以免宝宝发生危险。

从小养成不过敏体质

——1~3岁幼儿不过敏饮食宜忌

一岁后，宝宝喜欢用手抓食物，妈妈可以准备饼干、蛋糕等点心让他抓食，以训练宝宝手指的灵活性及协调性。此时宝宝乳牙都长齐了，咀嚼能力有了进一步提高，消化系统也日趋完善，一天三餐的习惯开始形成。宝宝所吃辅食已经不需要像之前那样柔软精细，但还是要注意食材的丰富性，确保营养均衡。

用食物来调整幼儿体质

不论宝宝是遗传性过敏体质，还是后天形成了过敏体质，都可以通过饮食来调理，让宝宝不再被过敏所困扰。

用饮食调理体质

宝宝体质由先天遗传和后天调养决定。先天的条件与妈妈的体质，孕育时的营养补充等各方面有关；后天调养则与生活环境、季节气候、饮食调养、药物、运动等多种因素相关，其中，饮食调养是最重要的，也是爸妈最容易掌控的。出生时体质较好的婴幼儿，会因为喂养不当而使体质变弱，而先天不足的婴幼儿，如果在后天的喂养中，能够调理得当，体质也会逐渐增强，因此，爸妈应根据宝宝具体情况调整饮食。宝宝体质可分为以下几种，爸妈可根据体质进行调整。

1.健康型体质

健康型体质的幼儿身体壮实、面色红润、精神饱满、胃口好、大小便规律。饮食调养的原则是维持食物多样化和营养均衡。

2.寒性体质

寒性体质的幼儿形寒肢冷、面色苍白、不爱说话、胃口不好，吃生冷食物后容易腹泻。饮食调养原则是温养脾胃，妈妈可适当多喂食如羊肉、牛肉、鸡肉、核桃、桂圆等性辛甘温的食物。

3.热性体质

热性体质的婴幼儿形体壮实、面色赤红、畏热喜凉、口渴多饮、烦躁易怒、胃口欠佳且大便易秘结。这一类型的婴幼儿易患咽喉炎，感冒后容易发高烧。饮食调理应以清热为主，要多吃性甘淡寒凉的食物，如苦瓜、冬瓜、白萝卜、绿豆、芹菜、鸭肉、梨、西瓜等。

4.虚弱体质

虚弱体质的婴幼儿面色萎黄、少气懒言、神疲乏力、不爱活动、汗多、胃口差、大便溏烂或稀软。此类婴幼儿易患贫血和反复呼吸道感染。饮食调养的原则是气血双补，可适当多喂羊肉、鸡肉、牛肉、海参、木耳、核桃、桂圆等。尽量少给苦寒生冷食物，如苦瓜、绿豆等。

5.湿性体质

湿性体质的婴幼儿爱吃肥甘厚腻的食物，形体多肥胖、动作迟缓、大便溏稀。饮食调养以健脾为主，可以多吃高粱、皇帝豆、海带、白萝卜、鲫鱼、橙子等食物。尽量少给甜腻酸涩的食物，如石榴、蜂蜜、红枣、糯米、冰镇饮料等。

饮食引起的幼儿常见症状

1.便秘

便秘主要是由身体内缺少纤维、水分、脂肪等或由运动量不足引起。多喝水多吃纤维素含量丰富的食物可缓解便秘。有时心理压力也会导致便秘。

2.腹泻

腹泻一般是生病时出现的症状，如果除了腹泻外无其他症状，就不用太担心。

3.食物过敏

宝宝食物过敏时常出现皮肤长疹子、瘙痒、红肿及过敏性胃肠炎等症状，这是由某种食物或食品添加剂等引起的免疫反应。一般易引起过敏反应的食物有：牛奶、鸡蛋、面粉、黄豆、玉米、猕猴桃、菠萝等。

鸡肉鲜蔬饭

材料
白米饭 30 克　　鸡胸肉 20 克
胡萝卜 10 克　　青椒 10 克
洋葱 10 克　　　高汤 200 毫升

做法
1. 将鸡胸肉、青椒、洋葱、胡萝卜分别洗净后，切丁备用。
2. 锅中放入白米饭和高汤，煮滚后，再放入鸡胸肉、青椒、洋葱和胡萝卜，用小火煮至软烂即可。

小叮咛

青椒富含维生素和 β－胡萝卜素，其特有的味道和所含的辣椒素，能刺激唾液分泌，可提升食欲、帮助消化，还能促进肠蠕动，防止便秘。

1～3岁幼儿 饮食宜忌

1岁后宝宝可以吃的东西很多，但并不是就能像大人一样什么都可以吃，饮食上还是有许多要注意的地方，更要注意宝宝的挑食问题及给予全面的营养。

防止营养过剩

随着生活水平的提高，婴幼儿营养过剩的现象也越来越普遍了。这不仅影响其大脑发育，还会威胁身体健康。营养过剩的婴幼儿，最明显的表现为体型肥胖，这是因为能量摄取超过消耗和生长发育的需要，体内剩余的能量就转化为脂肪堆积在体内。喂养不当是婴幼儿肥胖的主要原因，例如，用过多、过浓的宝宝奶粉代替母乳喂养；辅食添加不当，导致宝宝不喜欢吃蔬菜，对高脂、高糖食物有偏好；喂养过于随意，未遵循定时定量、循序喂养的原则；缺乏足够的运动等。

那么，宝宝体重是多少才算肥胖呢？体重超过标准体重的10%为超重，超过20%为肥胖，超过40%为过度肥胖，爸妈可以用下面的公式测量宝宝体重是否正常。

①1～6个月：体重（千克）=出生体重＋月龄×0.6

②7～12个月：体重（千克）=出生体重＋月龄×0.5

③13～36个月：体重（千克）=年龄×2+8

预防宝宝营养过剩的主要方法是控制饮食，增加运动量。控制饮食可以使吸收和消耗均衡，减少体内脂肪堆积；增加运动量可以增加皮下脂肪消耗，使肥胖逐渐减轻，还能增强体质。需要注意的是，营养过剩的婴幼儿，因为体重增加，心肺的负担加重，体力较差，所以即使增加运动量，爸妈也切忌急于求成，应该循序渐进。

单纯性的肥胖主要是因为营养过剩，那么，瘦小的宝宝就不用担心营养过剩了吗？答案是否定的！较为瘦弱的宝宝，有些爸妈会为他们额外补充营养，以免因为营养不良而影响生长发育。然而，在补充营养时，一不注意，就会造成维生素、矿物质过剩，相比肥胖，这种营养过剩危害更大。例如，补钙过度易患低血压，并增加宝宝日后患心脏病的危险；补锌过度可造成中毒，同时，锌还会抑制铁的吸收和利用，造成缺铁性贫血；鱼肝油过量易导致维生素A、维生素D中毒，使宝宝出现厌食、表情淡漠、皮肤干燥等多种症状。

单纯性肥胖的症状和预防

单纯性肥胖独立于继发性肥胖之外，属于一种特殊疾病。本病多发于婴幼儿期、学龄期，发病婴幼儿外表肥胖高大，体重超过同龄儿，且身高、骨骼都超过同龄儿；其面颊、肩部、胸腹脂肪积累尤为显著。肥胖不但会影响健康，还可能让孩子因别人的嘲笑而产生心理阴影，不可不重视。

预防单纯性肥胖最好的方法就是从宝宝出生起，以喂食母乳为主，到6个月之后再适当添加辅食。1岁以内的胖宝宝，30%长大后体重会超过标准体重；2~3岁的婴幼儿，可能会因为食物搭配不当，导致体重骤增。因此，我们提倡均衡营养地安排膳食，以减少肥胖儿的发生。饮食上宝宝宜吃芹菜、笋、萝卜、青菜、豆腐、苹果、瘦肉、鱼肉等，忌吃肥肉、油炸食物、巧克力、蛋糕、冰激凌等。

鲜肉白菜水饺

材料　饺子皮 6 张　　肉末 30 克
　　　　小白菜 50 克　　高汤适量
　　　　葱花少许

做法

1. 小白菜洗净、切碎，与肉末混合后搅拌成馅料。

2. 取饺子皮放在手心，包入馅料。

3. 锅中加入高汤煮滚，再放入包好的饺子，煮熟后，撒入葱花略煮即可。

小叮咛

　　小白菜是维生素和矿物质含量最丰富的蔬菜之一，烹煮时间不宜过长，以免破坏其营养成分。其含有粗纤维，可促进肠胃蠕动，预防宝宝便秘；富含 B 族维生素，有稳定情绪的功效，适合肥胖宝宝食用。

黑芝麻

一开始给宝宝尝试吃黑芝麻的时候，可以从黑芝麻粉开始，如果宝宝的接受度还不错，再让他吃完整颗粒的黑芝麻。此外，白芝麻也是不错的食材，其香味与黑芝麻差不多，营养价值也不逊色。

➕ 主要营养素

矿物质、维生素A、维生素D

芝麻富含矿物质，如钙、镁、铁等，有助于骨头生长，补血益气。此外，还含有脂溶性维生素A、维生素D等，对幼儿有补中益气、强身健体等作用。

❗ 食用功效

黑芝麻富含生物素，对因身体虚弱、早衰而导致的脱发效果较好。黑芝麻还具有降血脂、抗衰老作用，常食将十分有益。

➡️ 选购保存

熟的黑芝麻保存期限大约有1年，要放在密封袋中保存，并置于阴凉干燥处。若是制成黑芝麻粉或黑芝麻酱后，则要尽量在1周内食用完毕。

搭 | 配 | 宜 | 忌

宜

芝麻+梨
均衡营养

芝麻+核桃
改善睡眠

忌

芝麻+芹菜
降低营养价值

芝麻+鹅肉
引发呕吐、腹泻

适合
1~3岁幼儿

芝麻馒头

材料 ·····························

中筋面粉 150 克
低筋面粉 250 克
酵母粉 1 克
芝麻酱适量

做法 ·······························

1. 将中筋面粉、低筋面粉、酵母粉和适量水慢慢拌匀成面团，再将面团揉匀，放进蒸锅内，盖上保鲜膜，饧面 20 分钟。

2. 将饧好的面团揉至表面光滑，用擀面棍将面团擀成平面，加入适量芝麻酱，包于面团内，再用擀面棍将面团和芝麻酱擀匀，平均分成 3 等份，做成馒头。

3. 待蒸锅中的水滚后，将馒头放入蒸锅内，用大火蒸 15～20 分钟即可。

小叮咛

制作芝麻馒头时，在加入酵母粉后，添加少许盐，可以加快面团发酵的速度。面团发酵时，可以用保鲜膜或湿毛巾盖在盛装面团的容器上，即可静置发酵。

宜吃的食材

猪肉

猪肉烹调前，一定要用清水冲洗干净，并且煮熟再吃，以免造成细菌感染、引起肠胃不适。另外，猪肉中含有脂肪，也不宜食用过量，以免引发肥胖、腹胀或消化不良。

➕ 主要营养素

维生素B₁、脂肪

猪肉中含有维生素B₁，能促进血液循环并消除身体疲劳，增强体质。猪肉中的脂肪含量高，可提供人体生长发育所需的热量。

❗ 食用功效

猪肉具有润燥、养血的功效，对于消渴、热病伤津、便秘、燥咳等症有食疗作用。猪肉可提供血红素和促进铁吸收的半胱氨酸，又可提供婴幼儿所需的脂肪酸，改善缺铁性贫血。

➡️ 选购保存

新鲜猪肉有光泽、肉质红色均匀、脂肪洁白，肉的表面微干或湿润、不黏手，肉质有弹性，且指压后的痕迹会立即消失，气味正常。买回的猪肉可先用水洗净，然后分割成小块，装入保鲜袋，再放入冰箱。

搭｜配｜宜｜忌

宜

猪肉+白萝卜
消食、除胀、通便

猪肉+莲藕
滋阴补血，补益脾胃

忌

猪肉+杏仁
引起腹痛

猪肉+菱角
引起腹泻，降低营养

适合
1~3岁幼儿

豆腐肉丸

材料

豆腐 200 克
结球莴苣 200 克
猪绞肉 200 克
洋葱 20 克
葱花适量
蒜末适量
太白粉适量
盐适量
酱油适量
食用油适量

扫一扫!

做法

1. 豆腐洗净，捣成泥状；洋葱和结球莴苣洗净、切丝，结球莴苣丝摆放在盘中。
2. 将豆腐泥、猪绞肉、葱花、太白粉和盐放入碗中拌匀，做成肉馅。
3. 油锅烧至八分热，将肉馅揉成小团状，下锅炸熟，捞出沥油后，放在结球莴苣丝上。
4. 锅中放入少许食用油，爆香洋葱丝和蒜末，再加入适量的水和酱油，煮成酱汁，淋在豆腐肉丸上即可。

小叮咛

制作肉丸子时，如果担心做出的丸子太硬、太扎实，可以在绞肉中加入碎吐司或白面包，可以帮助锁住肉汁，维持肉丸子的柔软与弹性，吃起来更美味。

宜吃的食材

虾

体质过敏者，如患过敏性鼻炎、支气管炎、过敏性皮炎反复发作者不宜食用虾。在食用虾时，一定要煮熟再吃，以免细菌滋生，引发腹痛不适。

➕ 主要营养素

蛋白质、镁

虾含有丰富的蛋白质，营养价值很高，其肉质和鱼一样松软，易消化，能促进生长发育，提升免疫力。虾中含有丰富的镁，镁对心脏活动具有重要的调节作用，能保护心脑血管。

❗ 食用功效

虾肉含有丰富的蛋白质和钙，能补充骨骼和牙齿发育所需的钙；其富含的镁元素，能促进人体对钙的吸收。虾肉中的微量元素硒，能维持生理机能，提高免疫力。

➡ 选购保存

新鲜的虾头尾完整，紧密相连，虾身较挺，有弯曲度。鲜虾可直接放入淡盐水中；经处理过的虾，需将虾的肠泥挑出，剥除虾壳，然后洒上少许酒，再放进冰箱冷藏。

搭 | 配 | 宜 | 忌

宜

虾+西兰花
健脾胃

虾+上海青
补益肝肾

忌

虾+南瓜
易引发痢疾

虾+洋葱
形成草酸钙，产生结石

适合
1～3岁幼儿

豌豆炒虾仁

材料

虾仁 200 克
豌豆 100 克
玉米粉水适量
高汤适量
盐适量
食用油适量

做法

1. 虾仁去肠泥，洗净；豌豆洗净。
2. 油锅烧热，放入虾仁、豌豆翻炒，再加入高汤煮滚。
3. 收汁后，加入玉米粉水勾芡，再放入盐调味即可。

小叮咛

这道菜中还可以加入四季豆、豆芽菜、菜豆、皇帝豆等不同的豆类来丰富口感，也可加入其他适合与虾仁一起食用的食材。

扫一扫!

宜吃的食材
绿 豆 芽

绿豆芽性质偏寒，吃多了容易损伤胃气，且绿豆芽含粗纤维，容易加快肠蠕动而引起腹泻。体质偏寒的婴幼儿不宜多吃。

搭│配│宜│忌

宜

绿豆芽+豆腐
补肾气

绿豆芽+黄瓜
消火利尿

忌

绿豆芽+猪肝
降低营养价值

绿豆芽+鲈鱼
降低营养价值

➕ 主要营养素

纤维质、维生素C

绿豆芽富含纤维质，有利于肠胃蠕动，是防治便秘的健康蔬菜。绿豆芽还含有丰富的维生素C，能够促进牙齿和骨骼生长，帮助提升免疫力。

❗ 食用功效

绿豆芽可清热解毒、利尿除湿，是祛痰火湿热的家常蔬菜。绿豆芽还有清肠胃、解热毒、洁牙齿的作用。绿豆芽含有丰富的维生素与膳食纤维，可缓解便秘，但其性凉，食用不要过量。

➡ 选购保存

正常的绿豆芽略呈黄色，不太粗，水分适中，无异味；不正常的颜色发白，豆粒发蓝，芽茎粗壮，水分较多，有化肥的味道。另外，购买绿豆芽时选5～6厘米长的为好。绿豆芽不宜保存，建议现买现食。

适合
1~3岁幼儿

绿豆芽炒肉丝

材料

猪瘦肉丝 200 克
绿豆芽 100 克
葱丝适量
姜丝适量
盐适量
醋适量
太白粉适量
食用油适量

做法

1. 绿豆芽洗净；猪瘦肉丝加入太白粉和盐拌匀腌渍。

2. 油锅加热，爆香葱丝和姜丝，再放入猪瘦肉丝、绿豆芽翻炒，最后加入少量水和盐、醋调味即可。

小叮咛

绿豆在发芽过程中，维生素 C 会增加很多，而且，部分蛋白质也会分解为人所需的各种氨基酸，可达到绿豆原含量的 7 倍，营养价值比绿豆更高。

扫一扫!

宜吃的食材
荷兰豆

荷兰豆适合与富含氨基酸的食物一起烹调，可以显著提高其营养价值。荷兰豆食用过量会引发腹胀，脾胃虚弱的婴幼儿忌食。此外，没有熟透的荷兰豆应忌食，否则易产生中毒现象。

➕ 主要营养素

蛋白质、氨基酸、钙

荷兰豆是营养价值较高的豆类蔬菜之一，富含蛋白质、脂肪、维生素等成分，能补充身体所需的营养，还能调理脾功能。此外，荷兰豆还富含钙，可以补充骨骼、牙齿生长发育所需。

❗ 食用功效

荷兰豆具有调和脾胃、利肠、利水功效，还可以使皮肤柔润光滑，尤其适合脾胃失调的婴幼儿食用。

❯❯ 选购保存

选购荷兰豆时，先看能不能把豆荚弄得沙沙作响，如果能，则说明荷兰豆是新鲜的，反之，则是不新鲜的。可将荷兰豆放入保鲜袋中，扎紧袋口低温保存。

搭 | 配 | 宜 | 忌

宜

荷兰豆+蘑菇
可开胃消食

荷兰豆+虾仁
增强营养

忌

荷兰豆+蟹
引起肠胃不适

荷兰豆+醋
易消化不良

适合
1~3岁幼儿

白玉鲈鱼片

材料

鲈鱼 1/2 条
山药片 50 克
荷兰豆 50 克
盐适量
玉米粉适量
蛋白少许（可不加）
食用油适量

扫一扫!

做法

1. 鲈鱼洗净，去骨、刺和皮后，切薄片；盐、蛋白、部分玉米粉混和成粉浆后，放入鱼片，均匀裹上粉浆；剩余玉米粉加水调成玉米粉水。

2. 锅中放入适量食用油烧热，放入鱼片，以半煎炸的方式煎熟，取出备用；山药片也过油，捞出备用。

3. 锅内留少许的油，放入山药片和荷兰豆翻炒，再放入鱼片拌炒均匀，最后加盐调味，并以玉米粉水勾芡即可。

小叮咛

鲈鱼含丰富蛋白质以及微量元素，可预防感冒、增强抵抗力与体力。在烹调鱼肉时，一定要把鱼刺挑干净，以免孩子被鱼刺卡到。

莲藕

煮熟的莲藕，其性也由凉变温，有养胃滋阴、健脾益气功效，是一种食补佳品。而用莲藕加工制成的莲藕粉，既富营养，又易于消化，可养血止血、调中开胃。

⊕ 主要营养素

黏液蛋白、膳食纤维、铁

莲藕中含有黏液蛋白和膳食纤维，能与人体内胆酸盐、食物中的胆固醇及脂肪结合，使其从粪便中排出。在块茎类食物中，莲藕含铁量较高，常吃可以预防幼儿缺铁性贫血。

❶ 食用功效

莲藕所含维生素C和食物纤维多，常食能增强体质、维持肠胃功能。生鲜莲藕性寒，煮熟后转为温性，对五脏有益，能健脾生肌、化痰止泻、养胃滋阴。

❯❯ 选购保存

要挑选外皮呈黄褐色、肉肥厚而白、断口处有清香味的莲藕。没切过的莲藕可在室温中放置1周的时间，切过的莲藕在切口处覆以保鲜膜，可冷藏保鲜1周左右。

搭 | 配 | 宜 | 忌

宜

莲藕+猪肉
健脾胃

莲藕+生姜
止呕吐

忌

莲藕+菊花
易致腹泻

莲藕+人参
药性相反

适合
1～3岁幼儿

莲藕薏仁
排骨汤

材料

排骨 300 克
莲藕 50 克
薏苡仁 20 克
香菜末适量
芝麻油适量
盐适量

做法

1. 莲藕洗净，去皮、切片；薏苡仁洗净，
   用水泡开；排骨洗净，剁成小块，放入
   滚水中氽烫去血水。

2. 锅中加水、排骨、莲藕、薏苡仁，煮滚
   后，转中小火续煮 45 分钟。

3. 将所有食材煮软后，加入香菜末、芝麻
   油、盐，搅拌均匀即可。

小叮咛

莲藕不易煮软，可以切薄一点
或切小块一点，以加快熟软的速度。
也可以直接将莲藕放入电锅先蒸软
之后，再进行烹调，莲藕熟软后会
更容易入味。

扫一扫!

宜吃的食材

玉米

玉米营养丰富，富含膳食纤维，热量比白饭低，具有饱足感，对于营养过剩的儿童、青少年或中年人，可在饭前适量食用。但玉米不易消化，给宝宝吃时，宜少量喂食。

➕ 主要营养素

异麦芽低聚糖、镁

玉米中含有异麦芽低聚糖，能使肠道菌群达到平衡状态，保持肠道健康。玉米中富含的镁能够促进骨质形成，对维持骨骼和牙齿的强度和密度，具有重要作用。

❗ 食用功效

玉米具有开胃益智、增强记忆力的作用。此外，玉米含有丰富的纤维质，不但可以刺激肠蠕动，防止便秘，还可以促进胆固醇的代谢，加速肠内毒素排出。

➡ 选购保存

玉米以玉米粒整齐饱满、色泽金黄、表面光亮的为佳。玉米可风干水分后保存。如需保持玉米新鲜，可留3层玉米的内皮，不去玉米须，不清洗，放入保鲜袋中，封口，放入冰箱冷藏。

搭 | 配 | 宜 | 忌

宜

玉米+山药
增强免疫力

玉米+花菜
健脾益胃

忌

玉米+田螺
引起中毒

玉米+红薯
导致腹胀

适合
1~3岁幼儿

鸡肉玉米粥

材料

白米饭 30 克
鸡胸肉 20 克
玉米粒 20 克
海带高汤适量

做法

1. 鸡胸肉、玉米粒洗净，放入滚水中汆烫后，捞出切碎。
2. 锅中放入海带高汤煮滚，再放入鸡胸肉、玉米粒和白米饭，熬煮一下即可。

小叮咛

鸡肉易消化、好吸收，是低热量食材，对幼儿肠胃造成的负担小。在蛋白质含量较多的肉类中，鸡肉脂肪最少、口感清淡柔嫩，很适合幼儿食用。

银鱼

银鱼是营养学家所确认的长寿食物之一，被誉为"鱼参"。银鱼出水即死，如果不立刻加工曝晒，很快就会化成乳汁一样的水浆。除了新鲜银鱼，市售最常见的是银鱼干。

➕ 主要营养素

蛋白质、钙

银鱼含有丰富的蛋白质和钙，是滋补佳品，有强身健体、提高免疫力的作用。银鱼所含的钙，还可以促进宝宝骨骼和牙齿的生长发育。

❗ 食用功效

银鱼无论干、鲜，都具有益脾、润肺、补肾功效，是上等滋补品。银鱼属于高蛋白、低脂肪食物，对婴幼儿有益，还可辅助治疗脾胃虚弱、肺虚咳嗽等虚劳诸疾。

⏩ 选购保存

新鲜银鱼，以洁白如银且透明，体长2.5～4.0厘米为宜。用手从水中捞起银鱼后，以鱼体软且下垂，略显挺拔，鱼体无黏液的为佳。银鱼不适合放在冰箱长时间保存，最好现买现吃。

搭｜配｜宜｜忌

宜

银鱼+鸡蛋
促进蛋白质吸收

银鱼+木耳
益胃润肠

忌

银鱼+甘草
对身体不利

银鱼+红枣
令人腰腹作痛

适合
1~3岁幼儿

银鱼菠菜粥

材料 · · · · · · · · · · · · · · · ·

白米粥 60 克
银鱼 15 克
菠菜 15 克

做法 · · · · · · · · · · · · · · ·

1. 银鱼洗净，汆烫后切碎。
2. 菠菜洗净，焯烫后切碎。
3. 锅中放入白米粥和适量水，煮滚后加入
   银鱼、菠菜，再次煮滚即可。

小叮咛

菠菜含有丰富的 β－胡萝卜
素、维生素 C 和维生素 E、钙、磷
及一定量的铁和大量植物粗纤维，
能促进肠胃蠕动，帮助消化，对幼
儿视力的发育也有相当大的帮助。

木耳

木耳中含有一种物质，人食用后经太阳照射，会引起皮肤瘙痒、水肿，严重的可致皮肤坏死。干木耳是经曝晒处理的成品，在曝晒过程中会分解上述物质。食用前，干木耳需经水浸泡，变软后才可安全食用。

➕ 主要营养素

铁、钙、糖类

木耳中所含的铁有补血、活血功效，能预防缺铁性贫血；含有的钙有助骨骼和牙齿发育；含有的糖类能提供日常消耗的热量。

❗ 食用功效

木耳含有多种人体所必需的营养成分。适量食用木耳，能补充身体所需的多种营养，还能促进大脑发育，提升记忆力。

➤ 选购保存

干木耳越干越好，朵大适度，朵面乌黑但无光泽，朵背略呈灰白色的为上品。保存干木耳要注意防潮，最好用塑胶袋装好、封紧，常温或冷藏保存均可。

搭｜配｜宜｜忌

宜

木耳+银耳
提高免疫力

木耳+包菜
润肺止咳

忌

木耳+鸭肉
不利于消化

木耳+茶
不利于铁的吸收

适合
1~3岁幼儿

木耳清蒸鳕鱼

材料

鳕鱼 300 克

木耳 100 克

胡萝卜 50 克

葱丝适量

姜丝适量

盐少许

白糖少许

做法

1. 鳕鱼洗净；木耳泡水、去杂质，洗净，切成细丝；胡萝卜洗净、去皮，切细丝。

2. 鳕鱼放入大盘中，撒上木耳丝、胡萝卜丝、姜丝、葱丝、白糖、盐，放入蒸锅，用大火蒸 20 分钟即可。

小叮咛

挑鳕鱼要看皮色，皮越白越甜；黑皮的鳕鱼腥味比较重。如果是当天切片的鱼肉，颜色呈淡淡红色，如果颜色较暗或灰灰的，表示不太新鲜。

西芹

西芹中含有利尿的成分，能消除体内水钠残留，利尿消肿，对局部水肿的婴幼儿尤其有益。

➕ 主要营养素

膳食纤维、铁

西芹含有丰富的膳食纤维，能促进胃肠蠕动，预防便秘。西芹还含有丰富的铁，能补充人体对铁元素的需求，预防缺铁性贫血。

❗ 食用功效

西芹是高纤维食物，常吃西芹，尤其是西芹叶，对预防高血压、黄疸、水肿、小便热涩不利等都有益。西芹还含有一种挥发性芳香油，会散发出特殊的香味，可以促进食欲，对食欲不振的婴幼儿有益。

➡ 选购保存

要选色泽鲜绿、叶柄厚、茎部稍呈圆形、内侧微向内凹的西芹。用保鲜膜将西芹茎叶包严，根部朝下，竖直放入水中，水盖过西芹根部5厘米，可保持西芹1周内不老不蔫。

搭｜配｜宜｜忌

宜

西芹+猪瘦肉
改善胃口

西芹+牛肉
增强免疫力

忌

西芹+鸡肉
降低免疫力

西芹+南瓜
会引起腹胀、腹泻

适合
1~3岁幼儿

西芹炒鱿鱼

材料 ·····················

鱿鱼 80 克
西芹 70 克
胡萝卜 30 克
蒜末少许
盐少许
食用油适量

做法 ·····················

1. 西芹洗净，切成细丝状；胡萝卜洗净、去皮，切丝；鱿鱼洗净，切小块。

2. 热锅中加入少许食用油，爆香蒜末，放入鱿鱼翻炒，再加入少量水、西芹、胡萝卜、等食材熟软后，加入盐调味即可。

小叮咛

　　给孩子吃的西芹要煮软一点才好消化，而且3岁以前的幼儿，都不适合吃生的西芹，一定要煮熟后再给他们吃，才不会造成腹泻。

宜吃的食材
海 带

海带含碘丰富，可以适当给幼儿食用，预防因缺碘引起的甲状腺疾病。不过，海带性偏寒，脾胃虚寒的幼儿，一次不宜多吃，制作时可加些热性食材，更有助健康。

➕ 主要营养素

碘、维生素E、硒

海带中富含的碘有促进生长发育，维护中枢神经系统的作用；富含的硒，有保护心血管、滋润皮肤、提高人体免疫力等作用。

❗ 食用功效

海带能化痰、清热，防止夜盲症，维持甲状腺正常功能。另外，海带热量极低，对于预防肥胖症颇有效，很适宜有营养过剩症状的幼儿食用。

≫ 选购保存

应选购质地厚实、形状宽长、身干燥、色浓黑褐或深绿、边缘无碎裂或黄化现象的海带。将干海带剪成长段，洗净，用淘米水浸泡片刻后，煮30分钟，放凉后切成条，分装在保鲜袋中，放入冰箱冷冻即可。

搭 | 配 | 宜 | 忌

宜

海带+菠菜
强健筋骨

海带+紫菜
可治水肿、贫血

忌

海带+猪血
会引起便秘

海带+蛋黄
会引起消化不良

适合
1~3岁幼儿

虾仁海带汤

材料

虾仁 5 只
浸泡过的海带 10 克
洋葱 30 克
高汤 170 毫升
食用油适量

做法

1. 海带洗净，切小丁；虾仁去肠泥，洗净后剁碎；洋葱洗净、去皮，剁碎。
2. 锅中加少许食用油烧热，放入海带、虾仁、洋葱炒熟，再加入高汤煮滚即可。

小叮咛

海带中有丰富的钙质，能促进骨骼发育。用海带熬汤给孩子喝时，可以加一些带肉的骨头一起熬煮，营养加倍。

1～3岁幼儿忌吃的食材

1～3岁的幼儿，虽然已经可以吃大多数食材了，但仍要尽量避免吃饼干、油炸类食物、辛辣食物等，这些食物对孩子的肾脏来说是过重的负担。

忌 火腿

火腿中的调味料较多，口味比较重，不适合此阶段的幼儿食用。另外，火腿中的添加剂对健康有很大的影响。

忌 汤圆

汤圆是由糯米制成的，而糯米比较黏，幼儿食用汤圆的时候，很容易将汤圆粘在食道上，进而堵塞呼吸道。

忌 巧克力

巧克力对神经系统有兴奋作用，使幼儿不易入睡和哭闹不安，进而影响其智力发育，并导致营养过剩，甚至出现肥胖症。

忌 茶

茶中含有咖啡因、鞣酸、茶碱等成分。咖啡因是一种很强的兴奋剂，能兴奋神经系统，可能会诱发幼儿出现过动症。

1～3岁幼儿 过敏食材记录表

　　宝宝1岁之后，爸爸妈妈大致已经知道宝宝的食物过敏原有哪些，但仍要耐心地继续记录，尤其在尝试新的食物时，更要注意宝宝是否产生过敏反应。

※1岁宝宝记录表范例

记录时宝宝月龄：1岁，10个月

○表示宝宝没有过敏反应
●表示宝宝有过敏反应

	星期一	星期二	星期三	星期四	星期五	星期六	星期日
早餐	○芝麻馒头	●芋泥饼	○水果蛋饼	○猪肉煎饼	○豆腐肉丸	○芝士三明治	●花生酱吐司
午餐	○糙米饭 ○豌豆炒虾仁	○牛肉饭 ○绿豆芽炒肉丝	○南瓜面线	○白米饭 ○五彩菇	●松子银耳粥	○白米饭 ○金针丝瓜	○牛肉饭 ○胡萝卜炒蛋
晚餐	○糙米饭 ○白玉鲈鱼片	○牛肉饭 ○胡萝卜炒蛋	○白米饭 ○金针丝瓜	○土鸡汤面	○牛肉饭 ○绿豆芽炒肉丝	○白米饭 ○五彩菇	○糙米饭 ○豌豆炒虾仁

记录时宝宝月龄：＿个月，第＿周

○表示宝宝没有过敏反应
●表示宝宝有过敏反应

	星期一	星期二	星期三	星期四	星期五	星期六	星期日
早餐							
午餐							
晚餐							

1~3岁幼儿喂养Q&A

Q 该改正幼儿用手抓食物的习惯吗?

A 在幼儿1岁时,虽然给他汤匙和叉子,他却经常直接用手抓食物往嘴里送。到了2岁,幼儿能用手同时拿碗和汤匙进食。嘴唇的功能进一步发展,紧闭嘴唇的力量增强,甚至能将水含在嘴里"咕噜咕噜"地鼓起腮帮子。也能够手持汤匙或叉子,将适量的食物送入口中,顺利咀嚼,而且将咀嚼后的食物分数次吞下。因此,不用急于改正幼儿用手抓食物的习惯。

Q 幼儿一直舔手指怎么办?

A 吸吮和舔手指的动作,是幼儿在放松自己紧张的心情。如果看见幼儿舔手指、吸吮,千万不可强行制止,必须先找出原因,进行适当地辅导,并巧妙地加以禁止,比如让幼儿吃容易吞咽的流质食物。

Q 什么时候可以让幼儿用筷子?

A 2岁幼儿能顺利地用汤匙在碗内舀起食物,但还不能将较大的食物细分,只能取其中的一部分。这个时期,有的幼儿还能左手拿碗、右手握筷,两手同时握住不同的餐具。这时,可以开始让幼儿在饭桌上使用筷子,但是不需过分急躁地强迫他们正确地使用筷子。因为这时的幼儿还不可能熟练地使用筷子,过分矫正只会使他们失去学习的兴致。

Q 如果幼儿不肯在饭点吃饭,而过了饭点又要吃怎么办?

A 最好不要迁就他,除非是生病了,起床太晚了或者晚上有事情睡得较晚。偶尔饿一饿也不会有问题,让宝宝养成良好的进餐习惯更重要。

2岁后，幼儿进入了"第一反抗期"，有的幼儿会固执地坚持自己独立刷牙，对父母的帮助表现出反抗情绪，这是其独立性的表现之一。

 要让幼儿自己刷牙吗？

 尽量不要压抑幼儿自主刷牙的欲望，也不要因为考虑到时间与效率，而自己动手帮他们刷牙。

 幼儿的点心该怎么选择？

A 请避开味浓、添加香料的食物，尽量选择不含糖精、色素等添加剂的食物。幼儿喜好的巧克力、糖果、奶油蛋糕、日式糕点以及各种清凉饮料、乳酸菌饮料等甜味食物，所含热量很高，不仅容易使幼儿对其他食物没有食欲，而且也容易导致蛀牙。

 幼儿太好动，是否该制止？

A 2~3岁是爸妈时刻操心、一刻也不能离开守护的时期，在安全方面，尤其必须特别小心，以避免幼儿受到严重的伤害。但也不能因为幼儿有些许的擦伤就感到大惊小怪，在避免幼儿受到严重伤害的前提下，要给予他们充分发挥运动潜能的空间。

小叮咛

每天应在固定的时间给予幼儿1次午后的点心，点心的量与内容，最好根据当天幼儿的食欲与活动量来决定。如果三餐已充分摄取营养或当日运动量较少时，可以只给他们补充富含水分的水果、牛奶之类的食物，并让幼儿适当休息就可以了。